공간은
　　이야기로부터
　　　　시작한다

공간은
이야기로부터
시작한다

WGNB 기획
윤형택 글·그림

미메시스

서문 **같은 것을 보고 다른 것을 생각하다**

학생 때 가장 많이 받았던 질문 중 하나가 〈디자인은 뭐라고 생각하나?〉였다. 물론 지금도 사람들 앞에 설 기회가 있으면 종종 받는 질문 중 하나다. 그렇다고 디자인이 무엇인지 알기 위해 사전적 의미를 찾아보는 게 맞는 것일까……. 〈조형적이다, 예쁘다, 아름답다〉라는 표현보다 먼저 디자인의 본질에 관한 이야기를 하고 싶다.

나에게 디자인이라는 말을 아주 간단히 설명하라고 하면, 〈사람과 사물 간의 갈등을 해소시켜 주는 것〉이다. 건축과 공간을 비롯하여 바늘이나 이쑤시개까지 곰곰이 들여다보면 모두 사람을 위해 만들어진 것들이다. 그리고 여기에는 창의적 사고가 필요하다. 그래서일까. 일을 하다 보면 이런 부탁을 많이 받는다. 〈좀 더 크리에이티브하게, 뭔가 크리에이티브하게, 좀 더 다르게, 뭔가 다르게…….〉

나에게 창의적 사고란 다르게 생각하는 것이다. 그런 의미에서 위의 말들은 다 같은 의미로 받아들여진다. 디자이너는 무엇을 만들든 결국 눈으로 먼저 보게 되는 어떤 것들로 완성된다. 인간의 눈은 계속 새로운 것을 원하고, 귀는 익숙한 것을 원한다고 한다. 디자이너는 끊임없이 새로운 것을 만들어 내야 한다는 생각을 늘 가지고 산다. 여기에 함정이 있다. 새로운 것을 만들겠다고, 세상에 없는 무언가를 만들겠다고 노력할 때 함정에 빠진다. 그 새로운 것이란 기존에 존재하는 것들을 연결시켜 새로운 관점으로 바라볼 때에 새롭다.

지금부터 같은 것을 보고 다르게 생각해 보자. 『어린 왕자』를 보면 첫 페이지에서 이를 설명하는 가장 좋은 그림을 발견할 수 있다.

이 그림을 아무런 사전 지식 없이 보게 되면 누구나 모자 그림이라고 말한다. 하지만 우리는 알고 있다. 이 그림은 보아 뱀이 코끼리를 삼켜 버린 그림이라는 것을……. 보아 뱀과 코끼리는 세상에 없던 것들이 아니다. 모자 또한 그렇다. 이 그림은 보아 뱀이 코끼리를 삼켜 버리는 상황을 생각하고, 그 상황을 전혀 다른 관점인 모자로 바라본 것이다. 이것이 창의적 사고의 첫 시작점이라고 생각한다.

이런 식으로 생각하게 되면 저 모자 안에 진짜 코끼리가 있을까? 우리의 상상력 안에 수많은 다른 것이 있을 수 있고, 모자가 아닌 다른 어떤 것이 무한하게 만들어질 수도 있다. 우리가 흔히 일상에서 보는 것들을 조금만 다르게 들여다보자. 사과를 조금 다르게 바라보고 시를 쓰면 시인이 되고, 음악을 만들면 작곡가가 된다. 사과 하나를 자세히 들여다보면서 공간이든 가구든 제품이든 다른 관점으로 연결시켜 보는 건 어떨까.

이 책은 WGNB가 공간을 만들기 시작하면서 일상에서 발견했던 다양한 이야기를 공간과 어떻게 연결시켰는가에 관한 것이다. 좋은 공간은 어려운 언어로 설명하지 않아도 쉽게 이해되는 공간이라고 생각한다. 꼭 디자인을 전공하지 않았다 하더라도, 누구나 쉽게 공간을 읽을 수 있는 책이 되기를 바란다.

모든 프로젝트와 즐겁게 함께했었던, 함께하고 있는, 함께할 WGNB 식구들 그리고 좋은 프로젝트를 믿고 맡겨 준 모든 클라이언트에게 다시 한번 감사의 말씀을 드린다.

WGNB 대표 백종환

END PIECE 엔드피스

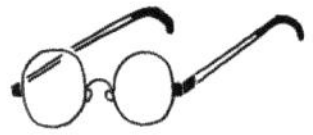

한남동에서 안경 매장 프로젝트를 시작했습니다. 언제나 색다른 안경 매장을 꿈꾼 클라이언트가 마침내 WGNB를 찾아온 거죠. 첫 만남에서 그가 한 말을 여전히 기억하고 있어요.

「전에는 보지 못한 독특한 디자인을 갖춘 매장을 만들고 싶어요.」

물론이죠. 우리가 바라는 것도 그것입니다. 미팅이 끝난 후, 우리는 안경부터 관찰했습니다. 마치 처음 본 물건인 양 말이죠. 우선 형태에서 그 쓰임새를 유추해 냅니다. 〈얼굴에 쓸 수 있고 시력을 보정해 주는 제품이구나, 얼굴에 사용하는 물건이니 겉모습에 많은 영향을 주겠구나〉라고 생각하며 안경을 살펴보았습니다. 평소 너무나 익숙한 물건이라 처음 보듯 관찰하는 게 쉬운 일이 아니라는 생각도 같이하면서 말이죠.

그럼, 안경을 분류의 관점으로 해석해 볼까요. 일단은 재료에 따라 나눠 보겠습니다. 우선 금속테가 있고 흔히 뿔테라고 불리는 플라스틱으로 만든 안경테도 있어요. 테를 최소화한 무테도 있네요. 다른 방법으로는 테의 형태보다 렌즈 사용에 따라 분류하는 것도 하나의 방법이겠죠. 햇빛으로부터 눈을 보호하기 위한 선글라스와 시력 보정을 위한 일반 렌즈 그리고 패션 요소와 특수 기능이 추가된 컬러 렌즈로 제작한 안경도 있습니다. 하지만 우리는 이런 방법을 통해서는 색다른 재미 요소를 찾을 수가 없었지요. 안경 매장들이 보통 이러한 방법을 사용하기 때문에 새롭지 못할 뿐더러 전문가가 아닌 우리가 다양한 발견을 하는 것에도 한계가 있다고 여겼습니다.

그럼에도 〈분류〉라는 관점에서 안경을 관찰하는 일에는 흥미를 느꼈고, 오랜 고민 끝에 두 가지 시점으로 분류하는 데에 성공했습니다. 바로 〈안경을

안경을 쓰고 있을 때.   안경을 쓰고 있지 않을 때.

쓰고 있을 때〉와 〈안경을 쓰고 있지 않을 때〉, 이렇게 말이죠.

이렇게 해보면서 우리는 안경이 가진 제품 특성을 디자이너의 시각으로 해석하게 되었습니다. 먼저, 안경을 쓰고 있을 때를 관찰해 보니 〈훌륭하다〉는 말이 절로 나왔죠. 불필요한 요소가 하나도 없다고 느꼈어요. 부담을 최소화한 가벼운 무게, 프레임과 두께 그리고 그 소재부터 비율까지 구성 요소들이 지닌 효율성이 완벽에 가깝더군요. 정말 놀라운 일이 아닐 수 없습니다. 하지만 아직은 일러요. 진짜는 여기부터입니다. 안경을 쓰고 있지 않을 때를 한번 살펴보겠습니다. 안경다리를 접어서 보관한다는 것을 무심코 발견했을 때, 〈다리를 접는다〉는 기능은 놀라움을 넘어 감탄을 자아내기 충분했죠.

우리는 왜 그렇게 느꼈을까요. 그건 안경을 접지 않고 보관하는 것에 대해 상상해 봤기 때문입니다. 안경다리는, 쓰고 있을 땐 프레임이 우리 얼굴에 지탱할 수 있도록 도와주는 꼭 필요한 제품 요소지만 다리가 접히지 않는다면 세상에서 가장 불편한 요소가 되어 버립니다. 형태에 비해 터무니없이 많이 차지하는 공간부터 가벼운 무게를 위해 계속 얇아져 충격에 약한 것과 더불어 그 강도까지. 안경을 쓸 때 느꼈던 장점은 모두 단점이 되는 현상을 목격했습니다. 우리는 끔찍하다는 표현도 과하지 않다고 느꼈죠.

아마 그 불편함을 안경 디자이너들은 누구보다도 먼저 알았을 거예요. 그래서 시행착오 끝에 드디어 다리를 접는 〈엔드피스endpiece〉를 개발하지 않았을까요? 이 단어, 참 재미있지 않나요? 〈마지막 조각〉이라니. 어쩌면 디자이너들은 엔드피스를 안경에 도입하고 나서야 〈아! 이제야 안경을 완성했다!〉고 생각하지 않았을까요?

우리는 이 엔드피스에서 익숙했지만 낯선 새로움을 느꼈습니다. 그리고 그 감정을 클라이언트와 공유하고 싶었어요. 클라이언트는 긍정적으로 받아들였습니다.

「안경을 다루는 사람들에게는 가장 중요한 것 중 하나이지만, 소비자에게는 오히려 새로운 키워드일 수 있겠네요. 좋아요!」

그렇게 이번 프로젝트 타이틀을 〈엔드피스〉로 정하게 되었습니다. 한 가지 더, 우리는 이 단어가 낯설지만 간단한 설명으로도 금세 이해가 가능하여 판매자와 소비자 사이에서 스몰 토크가 된다는 점도 마음에 들었어요. 우리는 클라이언트의 요구 조건을 더 자세히 살펴보고 공간 구성을 해야 했습니다.

그럼 그 조건들을 한번 볼까요.

1. 전에는 보지 못한 독특한 디자인을 갖춘 매장을 만들고 싶다.
2. 〈패션〉으로써의 안경, 즉 아이웨어에 집중하고 싶다.
3. 매장을 관리하는 직원은 한 명뿐이다.
4. 구성 요소는 일반 안경 매장과 크게 다르지 않다.

첫 번째도 재미있는 조건이지만 우리 눈에는 두 번째 의도가 더 다가왔습니다. 패션으로써의 안경은 우리도 적극 추천해 보고 싶었던 개념이었으니까요. 이미 많은 안경 매장이 패션이라는 키워드로 공간에 접근한 사례가 많지만 어딘가 늘 조금씩 부족하지 않았나 하는 생각을 해왔기 때문입니다.

우선 안경이 패션에서 어떤 위치에 있는지 살펴볼까요.

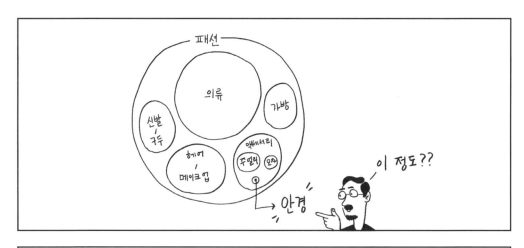

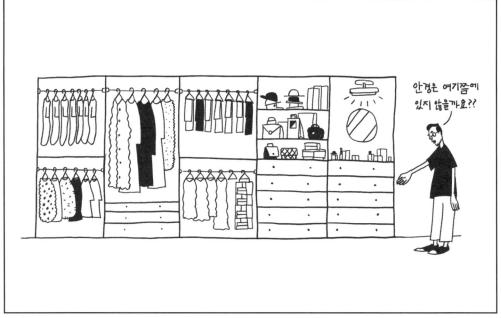

의류 〉 헤어/메이크업 〉 소품/액세서리 〉〉〉〉 안경

〈혹시 이 정도에 속해 있지 않을까?〉 하고 생각했습니다. 억지라고요? 드레스 룸에서 안경의 위치와 영향력을 보면 이 가정이 아주 틀리지 않았다는 것을 알 수 있죠. 그림에서 볼 수 있듯이 아마 고작 서랍 한 칸 정도일 겁니다. (그 서랍 안에서도 일부분이겠죠.)

그럼 우리가 나서서 안경을 도와주겠습니다. 패션이라는 영역에서 안경의 영향력을 저희 뜻대로 확장시켜 볼게요. 다음 페이지의 그림처럼 말이죠. 이렇게 해보니 패션은 곧 안경이 되었습니다. 이제 드레스 룸에 이 공식을 대입시켜 보도록 하죠. 드레스 룸을 안경으로 가득 채워 보았습니다. 세상 어딘가에는 이렇게 안경으로 드레스 룸을 가득 채운 지독한 안경 애호가가 있을 수도 있지 않을까 하며 말이죠. 아마 한 명쯤은 있지 않을까요.

이런 생각을 기준 삼아 1차 시안을 시각화했습니다. 뚜렷한 장점이 두드러진 시안입니다. 드레스 룸이 콘셉트인 만큼, 수납 능력에서 두드러지게 뛰어나 보여요. 공간 분리가 명확해서 정리 정돈이 수월하고 브랜드별 종류별로 나누기도 유리하지요. 그리고 드레스 룸이라는 것 자체가 모듈형 가구라서 나중에 확장이나 축소하기도 쉬워집니다. 우수한 공간이네요. 엔드피스를 공간에서 전혀 느낄 수 없다는 점만 빼면 말이죠.

다소 어리석었습니다. 클라이언트가 원한 조건 중에 두 번째를 너무 의식한 나머지 힘들게 찾아낸 〈엔드피스〉라는 키워드를 유명무실하게 만들 뻔했으니 말이죠. 하지만 걱정하지 않습니다. 우리는 이런 일에 매우 익숙한 사람

이렇게 확대시켜 볼까요??

아니죠. 이왕 하는 거 안경이 패션의 전부인들 뭐 어때요. 여긴 안경집 이잖아요.

전신 거울은 안경과 전체 코디가 잘 어울리는지 확인받 수 있어요.

안경이 제일 좋아!!

들이죠. 담담하게 상황을 살펴보는 차분함이 필요한 시점입니다.

우선 세 개의 선택 사항을 만들어서 곰곰이 상황을 따져 봅니다.

1. 드레스 룸 콘셉트를 유지하고 엔드피스 개념을 수정한다.
2. 드레스 룸 콘셉트를 유지하고 매장 타이틀은 엔드피스로 결정한다.
3. 엔드피스를 기준으로 공간 디자인을 다시 시작한다.

생각을 마쳤다면 과감히 결정합니다. 늘 시간이 부족하니까요. 우리의 선택은 3번입니다. 엔드피스를 가지고 공간을 다시 처음부터 설계하기로 한 것이죠. 두 가지 이유가 있었습니다. 하나는 엔드피스라는 키워드를 단지 타이틀로만 쓰기에는 미련이 남았고, 또 하나는 드레스 룸 콘셉트의 안경 매장이 기존의 다른 매장과 차별화를 갖지 못한다는 것을 내심 인정하고 있었기 때문입니다.

우리는 엔드피스를 다시 연구했어요. 기하학적으로 해석했죠. 있는 형태 그대로 재현하는 방법도 있었으나, 우리가 추구하는 방식과는 방향이 맞지 않는다는 단순한 평소 습관이 작용했습니다. 이처럼 많은 디자인을 거쳐서 몇몇 형태를 공간에 적용시키기로 했어요. 엔드피스에서 추출한 모형은 공간 구석구석에 적용되었지요. 26쪽 그림에서 그 과정을 볼 수 있습니다. 그리고 혹시 알고 있는지요? 많은 패션 안경 브랜드가 자신만의 디자인 시그너처를 이 엔드피스에 표현하고 있다는 것을요. 그런 면에서 어쩌면 〈패션〉과도 아주 작은 연결 고리가 있을 수도 있어요.

첫 번째 시안은 드레스 룸이라는 콘셉트였다.

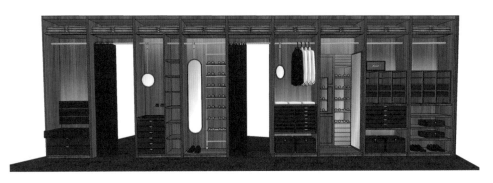

드레스 룸 구성을 직접적으로 사용해 공간에 배치하였다.

모듈화로 되어 있어서 용도 변화에 효율적이었다.

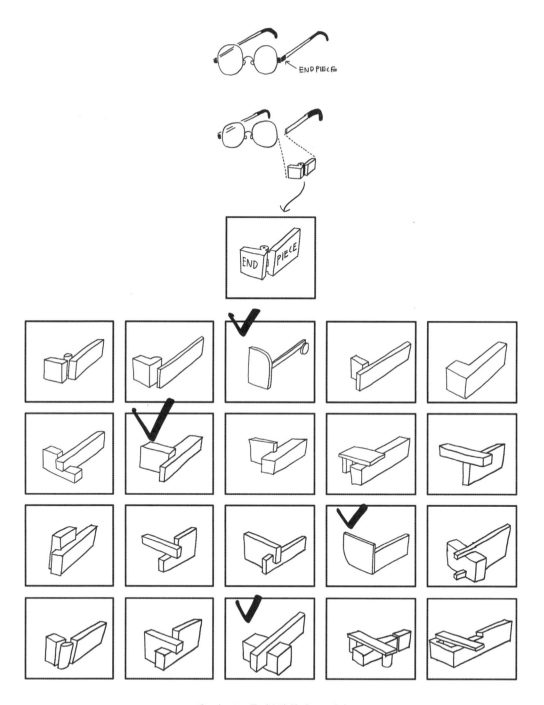

엔드피스 구조를 단순화 한 매스 스터디.

사실 그것과는 별개로 우리는 두 번째 시안에도 패션을 적극 대입시키고 자 했습니다. 다만 첫 시안을 드레스 룸이라는 키워드로 풀이했다면, 이번에는 감각적인 마감재를 사용해 공간에서 패셔너블한 첫인상을 느낄 수 있도록 말이죠. 엔드피스 매장을 방문하거나 이미지를 접해 본 사람들은 누구나 이 뚜렷한 색채의 내부 벽을 가장 먼저 인식하게 될 거예요.

우리는 생각했습니다. 이 벽면에서 고객이 가장 먼저 엔드피스의 트렌디함을 느꼈으면 좋겠다고, 그다음에 엔드피스라는 키워드에 대해 호기심을 가지면 좋겠다고 말이죠. 마치 안경을 대할 때 가장 먼저 렌즈와 프레임을 보고 그다음 엔드피스를 살피는 것처럼 말이죠.

이러한 생각을 바탕으로 두 번째 시안을 완성했습니다. 엔드피스의 디자인 월은 어쩐지 화사한 색의 스웨터를 깔끔하게 차려입은 느낌이 듭니다. 그렇지만 꼭 이미지만을 위해 설계되진 않았죠. 그 안에는 놀라운 트릭이 숨겨져 있는데, 그것은 클라이언트의 세 번째 조건과 긴밀한 연관이 있습니다. 이 매장은 상대적으로 협소한 편이라 한 명의 직원이 전체를 관리할 수 있도록 구성해야 합니다.

그 점은 생각보다 까다로운 문제일 수 있어요. 지나치게 개방적인 공간은 직원 한 명 혼자서 전체를 관리하기에는 편하지만, 자칫 보이고 싶지 않은 부분까지 노출시켜 매장 관리를 깔끔하게 유지하기 어려울 수 있습니다. 그렇다고 나열식 구조로 벽을 세우면 매장을 관리하기는 쉬우나 직원 혼자 다른 업무를 보면서 고객을 맞이하기 어렵게 됩니다.

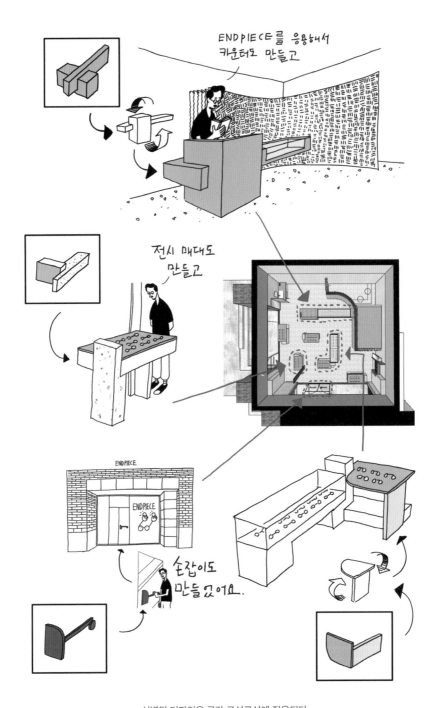

ENDPIECE를 응용해서
카운터도 만들고

전시 매대도
만들고

ENDPIECE

ENDPIECE

손잡이도
만들꼬어요.

선별된 디자인은 공간 구석구석에 적용되다.

우리가 생각한 이 벽은 모든 고민거리를 한 번에 해결해 주었지요. 전선을 실처럼 꼬아서 만든 파티션에 가까운 벽은 전선 사이사이로 시각 확보가 가능한 구조로 되어 있습니다. 게다가 조도 조절로 매장에서는 벽 내부가 보이지 않지만 벽 내부에서는 매장을 관찰하는 게 가능하죠.

덕분에 이 벽은 놀랍게도 세 가지 기능을 지니게 되었습니다.

1. 매장의 시그너처 역할.
2. 벽 뒤에 여러 가지 공간을 만들어 깔끔한 매장 관리.
3. 한 명의 직원으로 충분히 관리가 가능함.

우리는 이 벽을 적용시키면서 드디어 공간을 완성했다고 생각했습니다. 마치 다리를 접는 기능으로 많은 문제를 해결하는 엔드피스처럼 말이죠. 이렇게 안경 부속품 키워드로 시작한 공간 프로젝트가 완성되었습니다. 엔드피스의 역할은 보면 볼수록 저희가 추구하려는 공간과 제법 닮았다는 생각이 종종 듭니다. 사람과 사물 사이에서 일어나는 갈등을 해소시켜 준다는 점에서요.

엔드피스는 성공적으로 오픈하였고, 그 후 몇 가지 이유로 조금씩 변화를 겪었습니다. 계절과 상관없이 선글라스 판매가 좋아 전용 선글라스 수납장을 새로 만들어 전면에 설치하거나 각 프로모션에 맞춰 일러스트레이션을 추가하거나 했습니다. 공간은 그렇게 우리 손을 떠난 후에도 늘 변화와 성장을 거듭하네요.

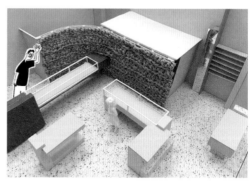

엔드피스의 실물 모형.

내부에서 바라본 니팅 월.

매장과 작업실의 조도 차이를 이용해 매장에서는 작업실이 보이지 않고,
작업실에서는 고객의 방문을 확인할 수 있도록 설계되어 있다.

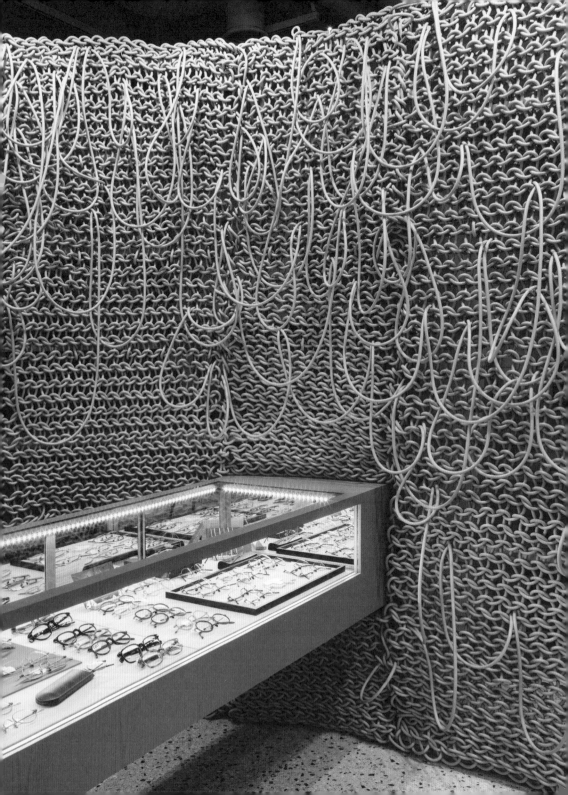

오브제 월은 미술 작가 이광호와의 컬래버레이션으로 완성했다. 작가의 작업 성격을 잘 살린 전선을 이용해 6미터가 넘는 긴 오브제 벽을 만든 것. 작업 현장에서 이광호 작가가 한 땀 한 땀 오브제를 연결해서 벽을 만들 때 돌발 상황이 발생했다. 열두 개의 판 유닛으로 구성하여 연결했는데 예상보다 무거워 중간중간 벽이 처지기 시작했고, 새로운 유닛을 연결할 때는 이음 부분에 전선 마감이 매끄럽지 못했다. 이를 해결하기 위해 처진 부분을 뒤쪽 틀에 완전히 고정시키고 이음 부분은 일부러 풀어낸 느낌을 주어 변화를 꾀했다. 덕분에 이광호 작가만의 아트워크가 더욱 돋보이며 엔드피스의 시그니처가 되었다.

이광호 작가의 조명 작품.

엔드피스의 조각을 모티브로 하여 만든 문 손잡이.

엔드피스의 시그니처 역할을 하는 디자인 월.

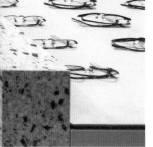

준지 플래그십 스토어

패션 브랜드 준지와 WGNB는 2014년 백화점 매뉴얼 작업을 함께한 경험이 있습니다. 그리고 2019년 다시 한번 프로젝트를 함께하게 되었지요. 위치는 강남구 신사동의 도산 공원 인근이고, 이번이 준지의 첫 번째 정식 플래그십 스토어 공간이라는 데에 그 의의가 남달랐습니다.

프로젝트의 목적은 아래와 같습니다.

1. 공간은 기존 컬렉션뿐 아니라 컬래버레이션 상품을 포함한 모든 라인을 한자리에서 경험할 수 있도록 짜여야 한다.

2. 모두 1~2층으로 구성되고, 규모는 총 396제곱미터(119.79평). 1층에는 여성 라인과 컬래버레이션 상품을 중심으로, 2층에는 남성 라인과 기타 상품 등으로 진열한다.

3. 준지는 방문 고객들이 건물의 외적 형태와 내적 공간에서 브랜드의 아이덴티티를 느끼고 체험할 수 있도록 설계되는 것은 물론 차별화된 경험을 제공하기 위해 정원과 카페를 1층에 배치하여 준지와 그 맥락을 같이하도록 구축한다.

하지만 이러한 조건들에 앞서 우리의 머리를 가득 채운 것은 단 하나였습니다. 〈준지다워야 한다.〉

준지라는 브랜드가 많은 사람에게 특별한 옷을 선보이듯 이번에는 공간이 준지에게 딱 맞는 특별한 선물이 되길 바랐습니다. 그러기 위해서 우리가 우선 할 일은 회의를 진행하는 것이죠. 여러 이야기를 곁들인 공간 기획에 대한 다양한 주장이 오고 갔습니다. 각자가 느끼는 준지가 제법 달라서 그 접근

어두움 속의 형태는 단순하고 기하학적이다.

빛을 받으면

색과 질감을 만들어 낸다.

방법도 제각각이었죠. 하지만 이상하리 만치 공간에 대한 색은 모두 블랙의 무채색을 기반으로 그려 내고 있었습니다. 우리는 모두 블랙이 준지가 상징하는 컬러, 혹은 준지를 가장 잘 표현하는 색이라고 생각하고 있었던 것이죠.

그래서 어느 순간부터 블랙은 무채색이니 어쩌면 〈색이 없는 공간이 되겠다〉 싶었고 이는 곧 색의 범주를 넘어선 이야기로 번졌습니다. 블랙이라는 무채색은 공간 안에서 어두움이 아닐까 하여 어두움에 대해서도 이야기를 나누기 시작했죠. 그리고 어두움을 이야기하기 위해서는 빛에 관한 토론도 빼놓을 수 없는 주제였습니다. 회의 테이블은 이내 빛과 어두움에 대해서 논하는 아주 이상하고 심도 깊은 자리가 되었어요. 그리고 그 과정에서 누구는 왜 꼭 빛 다음에 어두움을 말하게 되는지 그 순서에 불만을 품는 아주 단순하고 유치한 발상을 시작했습니다.

우리 대부분이 빛과 어둠이라고 표현하는 것에서 의문을 가진 것입니다. 실제로 빛이 먼저고 그다음 어둠이 파생된다고 은연 중 생각한 것일까요. 아마 일상의 대부분을 빛이 제공하는 시간 안에서 사는 게 자연스러운 생리라 그럴지도 모릅니다. 게다가 사람은 어둠보다는 빛이 압도적으로 많이 필요하죠. 어두운 밤조차 빛으로 수를 놓는 게 사람이니까요.

그런데 한번은 생각해 볼 일입니다. 빛과 어두움의 우선 순위에 대해서. 사실 순서가 무슨 의미가 있나 싶지만 유치한 걸 인정하고 한번 따져 보기로 했습니다. 그리고 생각보다 쉽고 빠르게 결론은 지어졌죠. 어두움이 먼저고 그다음이 빛이어야 한다는 결론이었습니다. 크기를 기준으로 생각하면 압도적으로 빛보다는 어두움이 거대하다는 게 논리의 근거였죠. 우리가 느끼는 태양

그와 동시에 또 다른 어두움을 만들며

언제나 어두움 속에 존재한다.

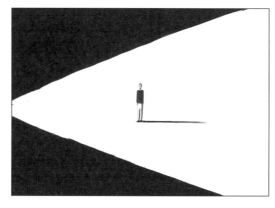

그 어두움은

의 빛이 우리에게는 무척이나 크고 광막하지만 실은 비교하기도 벅찬 우주 안에서는 아주 작고 미세하다고 말하는 것조차 과분할 정도로 그 존재는 희미하기만 하다는 게 이유였습니다.

　우리는 준지가 상징하는 블랙을 이야기하다 색의 범주를 벗어나자는 작은 의도에서 어느덧 우주적 이야기까지 하게 된 것입니다. 이렇게까지 흘러가도 되나 싶다가도 한편 블랙을 표현하는 발상이 이렇게나 커다랗고 광활해지는 것에 벅찬 가슴을 눌러야 할 만큼 흥미롭기도 했죠. 더군다나 독일의 철학자 니체는 이런 말도 했죠.〈한낱 빛 따위가 어둠의 깊이를 어찌 알겠는가.〉

　맞습니다. 철학자 니체가 정말로 어둠과 빛을 있는 그대로 비교해서 한 말은 아닐 수 있겠지만 저희에게는 이렇게 해석되어 들렸습니다.〈거 보라고. 어둠이 빛보다 더 세다니까!〉

　우습기도 하고 무척이나 단순하기도 했죠. 그런데 그렇게 생각을 하다 보니 정말 우리는 빛보다는 어두움이, 아니 어두움이 빛보다 본질에 가까운 그 무엇이 아닐까 하는 과감한 생각까지 하게 되었죠. 그리고 우리가 우주를 검다고 느끼게 하는 물질 중의 하나가 바로 아무런 빛을 내지도 않고 빛을 반사시키지도 않는 암흑 물질이라는 사실을 알게 되었습니다. 이렇게 해서 드디어 이번 프로젝트의 키워드인〈암흑 물질〉에 이르렀죠.

콘셉트 1: 암흑 물질dark matter

　〈어두움 속에서 모든 형태는 단순하며 기하학적이다. 빛이 생기면서 형태가 드러나고 색과 질감을 만들어 내는 동시에 형태로 인한 또 다른 어두움,

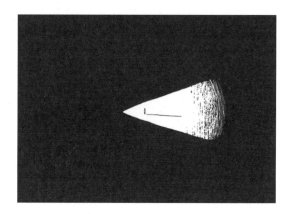

크고

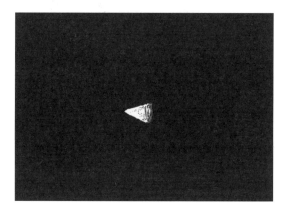

광활한 우주다.

그 어두운 우주를 만든 씨앗이 암흑 물질이다.

즉 그림자를 만들어 낸다. 그리고 색을 제하면 그것만의 물질성이 도드라진다. 그림자는 빛 안에 존재했고 더 나아가면 빛은 또 다른 어둠 속에 존재했다. 어쩌면 모든 빛은 결국 우주라는 거대한 어둠 속에서 존재하는지 모른다. 그러면 빛보다는 어둠이 더 본질에 가깝지 않을까? 그리고 그 우주라는 공간 속 어둠의 씨앗이 바로 암흑 물질이다.〉

　　사실 이 내용은 아무런 과학적 증거도 논리도 부족한 저희끼리의 동화입니다. 아니면 과학적 사실에 영향을 받은 엉터리 픽션이라고 해도 좋지요. 그리고 암흑 물질이라는 키워드는 줄기를 따라 또 다른 이야기 〈그늘〉을 시작합니다.

콘셉트 2: 그늘shade

　　〈암흑 물질로 이루어진 우주에는 그 거대한 어둠 안에 작은 빛이 존재한다. 그리고 그곳엔 그늘이 있다. 그늘은 언제나 무형으로 존재하지만 어떠한 형태도 될 수 있었기에 아름다웠고 이는 공간과도 깊은 관계가 있다. 오랜 옛날부터 인간은 빛을 따라 살길 원했지만 빛은 한편으로는 존재의 노출을 의미했다. 그리고 그것은 반드시 위험했다. 반대로 그늘은 어느 정도의 안전을 보장했고 그 안에서만큼은 빛도 평화로웠다. 그렇게 인간은 태초에 그늘로 이루어진 동굴에 터를 잡았다. 아마도 최초의 공간 개념은 여기서 시작된 것이 아닐까? 인간은 그늘로 이루어진 공간을 집으로 삼아 시작했고 다시 빛을 끌어들임으로써 집을 완성했다.[♦] 이러한 역사의 기억을 가지고 동양의 전통 가옥 구조를 본다. 건물 위에 먼저 큰 기와를 덮어서, 그 차양이 만들어 내는 깊고 넓은 그늘 안에 전체의 구조를 집어넣는 식이다.[♦♦]〉

♦ 김기석, 구승민, 『집은 디자인이 아니다』(서울: 디북, 2017).
♦♦ 다니자키 준이치로, 『그늘에 대하여』, 고운기 옮김 (서울: 눌와, 2005).

우리가 주거를 꾸리기에는, 무엇보다도 지붕이라는 우산을 넓혀
대지에 하나의 담장으로 응달을 만들고 그 어둑어둑한 그늘 속에 집을 짓는다.◆

위의 이야기는 아주 오랜 옛날부터 비교적 이른 과거까지 인간이 어떻게 빛과 그늘을 받아들여 공간을 구축했는지 아주 짧게 쓴 이야기입니다. 흥미로운 건 오늘날의 터전과도 아주 동떨어진 이야기는 아니라는 점이죠. 이렇게 준지의 플래그십 스토어는 어두움이 빛보다 더 본질에 가깝다는 상상을 기반으로 한 두 개의 스토리로 설계를 시작했습니다.

암흑 물질에서 언급했듯이 어두움 안에서 많은 형태는 단순하게 보이고 기하학적으로 인지한다는 점에 착안해 준지의 건축은 육면체와 삼각형, 원형이 모티브가 된 건축이면 좋겠다는 의견으로 통일되었습니다. 그래서 아주 기초적인 도형을 가지고 다양한 구상을 시도했는데, 초반에는 외적으로 드러난 건축의 파사드façade가 사각 형태를 기초로 한 무척이나 단순하고 힘이 있는 형태이기를 원했습니다.

도시 안에서 그 어떤 형태도 의도하지 않은 듯한 무심한 육면체의 검은 건축은 그 자체로 굉장히 낯선 감정을 전달해 주지 않을까 하는 호기심이 있었고, 건축 내부로 들어섰을 때 삼각 공간감과 원형 하늘로 개방감을 느끼게끔하고 싶었어요. 하지만 주어진 부지는 건축을 바라보는 거리가 기대보다 짧아서 우리가 원하는 좋은 의미의 호기심을 전달해 주기에 한계가 있었습니다. 그래서 그 상태에서 파사드를 걷어 낸 형태가 지금의 준지 플래그십 스토어의 최초 건축 모형이었죠.

형태적으로도 이미 호기심을 전달해 줄 만큼 만족스러웠고 내부 형태가 일부 드러나면서 건축에 도입하고자 했던 처마 개념이 외부로 표출된 것은 기

◆ 다니자키 준이치로, 위의 책.

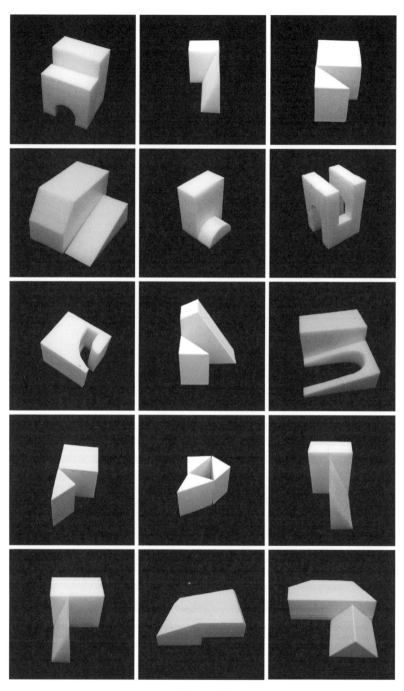

외관 매스 스터디.

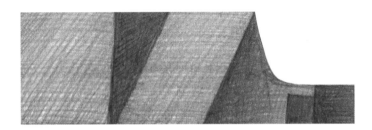

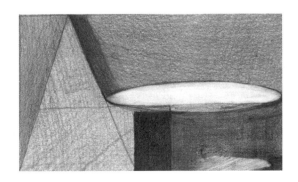

외관 매스 스케치.

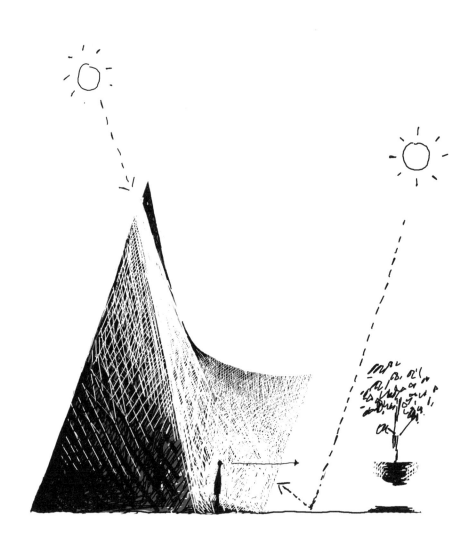

두 개의 빛이 만나는 곳에 사용자가 있다.

대 이상의 성과였습니다. 물론 그 후로도 다듬어지며 조금의 변화는 생겼지만 건축의 큰 줄기는 최초의 모티브를 잃지 않고 끝까지 지켜 나갔어요.

외형에서는 가장 먼저 삼각 형태가 인지되고 그 뒤로 사각 육면체가 받쳐 주고 있는 모양입니다. 그리고 삼각형에서 시작하는 처마 끝에 입구가 있지요. 그 안을 통과하면 둥그란 구조를 가진 처마가 열려 있고 비로소 원형 프레임 속 하늘을 마주하게 됩니다. 그리고 바닥의 붉은 화산석과 공중에 띄워져 있는 검은 화분, 그 안에서 뿌리를 내린 나무가 있습니다. 이 모든 것은 서로 상호 의존하며 다양한 관계를 맺습니다. 아마 이 공간 안에서 우리는 저마다의 감성 으로 또 다른 관계를 경험하리라 생각합니다.

열린 하늘을 통해 빛을 받아들이는 공간은 붉은 화산석으로 이루어진 마 당을 한 번 경유해 삼각의 공간으로 들어오게 됩니다. 삼각형으로 이루어진 공 간에서 사람들이 마치 동굴의 입구를 닮은 원형의 프레임을 통해 빛을 받아들 이죠. 왠지 모르게 느껴지는 아늑함은 태초의 사람들이 동굴 안에서 빛을 받아 들일 때 느꼈던 안식 이야기에서 가져온 설정과 맥락이 같습니다.

붉은 화산석은 이 검은 건축 가운데 유일한 색을 가진 자연 요소입니다. 우리가 만나는 하늘은 때로는 비와 눈을 내리는데 이런 날을 생각하며 선택한 것이죠. 붉은 화산석은 특성상 물에 젖으면 자색이 되어 검정 건축 공간 안에 서 보석이 될 거라 상상했습니다. 그리고 이 띄워진 검은 원형 화분 속 나무의 흔들림으로 바람을 느끼게끔 했어요. 화분을 공중에 띄워 놓은 까닭은 이 건축 공간이 어두움을 본질로 기획한 공간이기에 화분조차 햇빛을 받으면 그 아래 에 그림자를 만들어 내 공간 속 어두움, 즉 암흑 물질을 보기 위해서였습니다.

빛을 받아들여 공간에 농도가 생김을 유도했다.

그 모습이 오브제 역할을 하리라는 것도 의도했죠.

물론 나무가 살 수 있는 충분한 환경을 제공하기 위해 통풍과 발열 등 여러 조건을 고려하여 직접 제작하였습니다. 단지 공간에 놓여 있는 화분이라면 매우 친숙한 모습이었겠지만 우리가 만든 관계성에서 아무 의미를 가지지 못했을 것이고, 바라보는 이들은 단지 조경으로 여겼을 것입니다. 이처럼 이 공간은 모든 관계성에 따라 하나하나 의도된 설정이었죠.

다만 이 띄워진 화분 속 나무의 주인공은 원래 자엽 안개 나무였습니다. 이 나무가 5월쯤 만발하는데 그 모습이 붉은 안개 같아서 화산석과의 관계를 생각하면 저절로 기분이 좋아졌습니다. 하지만 지극히 현실적인 이유로 배제되었는데 상업 공간인 이곳은 그 무엇보다 〈그랜드 오픈〉이 중요했기 때문입니다. 붉은 안개를 보기에는 조금 이른 날 오픈을 맞이했었기에 결국 나무는 다른 종으로 교체되었죠. 우리가 의도한 관계성도 이것만은 어떻게 할 수가 없었습니다.

이렇게 건축의 외형과 열린 내부 공간을 경험한다면, 이제 1층의 삼각형 내부 공간으로 진입합니다. 이 공간은 마당을 끼고 있는 처마와 매우 밀접하게 연계되어 있는 카페의 성격을 가지고 있어요. 앞에서 짧게 언급했듯이 어두운 그늘 아래에 있으며 빛을 받아들이는 공간입니다. 마당을 통해 들어오는 빛 외에 천장에서도 직선으로 열린 창을 통해 자연 빛을 받아들이는데 어두움에 빛을 떨어뜨린 것처럼 다양한 농도의 어두움을 느낄 수 있습니다. 삼각형의 직선이 만들어 내는 면에서 번지는 어두움과 처마의 형태가 만들어 낸 굴곡을 따라 넘어가는 농도는 부드럽고 역시나 아늑합니다.

마주 볼 때의 공간감.

바라볼 때의 공간감.

그리고 두 개의 빛이 만나는 공간에 사용자를 위한 일렬로 이루어진 테이블이 있습니다. 단 차이를 두어 두 줄로 구성되었고 모두 나란히 앉아 마당을 바라보도록 설계했습니다. 이렇게 의도한 이유는 마당을 보기 위해서고 또 하나는 마당을 〈계속〉 보며 공간감을 느낄 수 있도록 하는 거죠. 대부분 도시의 카페 공간이 서로 마주 앉아 음료를 즐기며 시간을 공유하도록 되어 있는데, 이는 합리적이고 보편적이지만 그럴 때 사용자는 공간을 느끼기보다 배경으로 삼고 서로에게 집중하도록 치우쳐 있다는 점을 역으로 이용했습니다.

준지의 공간은 이러한 보편성을 탈피하길 원합니다. 들어서면서 만나는 공간감이 테이블에 앉아 서로를 마주하면 이내 옅어지는 것을 방지하기 위해, 마주하기보다는 같은 곳을 바라보며 공간을 계속해서 적극적이고 풍요롭게 느끼고 잠시라도 도시 속 일상을 벗어나 사색을 즐기기를 유도한 것이죠.

준지의 플래그십 스토어는 전부 어두움을 기준으로 설계되었는데 1층 여성복 라인은 반대로 밝은 화이트 컬러의 공간입니다. 얼핏 보면 어두움 안에서 밝음이 강조됨을 의도한 것처럼 보일 수도 있는데, 실은 어두움에 묶여 이것밖에 밝지 못한 공간이라 할 수 있습니다. 이야기를 구성하면서 참으로 아이러니하다는 점을 여러 번 느꼈던 우리는 이런 주제로 토론을 한 적이 있어요.

〈이 넓은 어두운 우주에서 어째서 그토록 작은 빛 테두리 안에서만 인간이 사는데 그 안에서 조차 그늘에서 안식을 받으며 또 빛을 만들어 사는지 오묘한 순환이 아닐 수 없다. 게다가 그 빛 아래에서 인간은 또 다른 그림자를 만들어 내지 않는가. 어쩌면 모든 것은 이 같은 반복일 수도 있다〉라고 말입니다.

그렇게 따지면 준지의 공간은 그 순리라는 것에 조금은 어긋나는 공간일

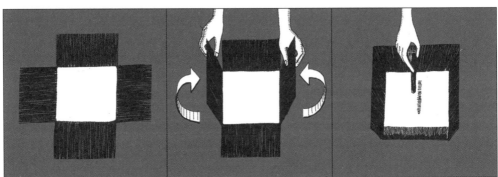

1층 여성 라인의 공간 이야기. 빛을 어두움에 묶어 공간을 만들고
그 안에 그늘을 만들어 헹어의 역할은 그 아래에서만 가능하다.

지 모릅니다. 준지가 도산 공원에서 만든 그늘은 그 안에서 최대한의 빛을 허용하지 않는 공간이니까요. 그래서 이 공간도 마찬가지입니다. 더 확장하지 못하고 이 부분만 허용된 빛은 또다시 그림자에 묶여 버린 형태이고 그 안에 오브제를 띄어 다시 그림자를 만든 공간이니까요. 여기에서 모든 헹어hanger의 기능은 그림자 아래에서만 가능하도록 설계되어 있습니다.

반대로 2층의 남성복 라인은 전부 어두운 검정색입니다. 암흑 물질의 유형과 무형이 공존한다는 상상으로 구현된 공간인데 건축 개념과 같은 기하학 요소로 이루어져 있습니다. 다만 건축이기에 물리적으로 하지 못했던 발상, 바로 유형을 상징하는 오브제들이 모두 떠 있어서 그것이 만들어 낸 무형의 그림자를 만들어 내는 현상을 디자인했습니다. 그러기 위해 최소한의 빛만으로 유도했고 그로 인해 생긴 그림자가 공간의 동선을 이루도록 했죠.

더욱이 그림자는 그림자 안에 또 다른 그림자가 존재할 수 있다는 것을 가능하게 해주었습니다. 재미있는 것은 오브제와는 다른 뒤틀린 형태를 가지게 된다는 것입니다. 그렇게 만들어진 2층 공간은 설계 당시 예측했던 모습보다 더욱 다양한 농도를 지닌 공간이 되었고, 오브제가 만들어 낸 그림자들은 자연 속 넝쿨처럼 여기저기 예측하지 못한 공간으로 번식하여 공간을 다채롭게 만들었죠.

이러한 이야기를 가지고 준지 플래그십 스토어는 설계되었습니다. 이런 것들이 도대체 〈준지답다〉는 것과 무슨 관계가 있을까 하는 불안감은 시시때때로 찾아왔습니다. 블랙이라는 무채색을 공간적 언어인 어두움으로 연관 지

2층 남성 라인의 오브제는 모두 띄워져 있어 공간에 그림자를 낳는다.

어 우주라는 키워드를 꺼내 암흑 물질로 결론 짓고, 빛과 어두움의 관계를 제 멋대로 해석해 공간에 부여하는 것도 어찌 보면 준지와는 전혀 관계가 없는 이 야기 흐름일지 모릅니다. 하지만 준지가 고수하는 철학인 〈클래식의 재해석〉 이 바로 이런 과정이 아닐까 하는 생각이 힘이 되었죠. 당연시되는 생각을 나 름의 기준으로 재해석해 만들어 내는 과정 말이죠.

조금만 생각해 봐도 우리가 앞에서 해온 모든 이야기는 사실 엉터리입니 다. 정말 아무 근거도 없는 허무맹랑한 이야기죠. 그런데 그것을 저희만의 방 식으로 끝까지 밀고 나가다 보니 그렇게 만난 이 공간은 정말 준지스럽습니다. 아마도 이 짧다면 짧은 기간 동안 느꼈던 감정을 준지라는 브랜드는 지금도 부 딪치며 늘 클래식을 재해석하고 기본을 중시하되 기본이 무엇인지 질문하며 묵묵히 헤쳐 왔을 것입니다. 그러한 과정이 그들이 주는 즐거운 혼돈과 제법 닮지 않았나 하는 생각을 해봅니다.

1층 여성 라인 공간은 어두움에 묶인 밝음을 가진 곳으로 기능적 역할은 모두 그늘 아래 혹은 그늘 안에서만 존재한다.

1층 탈의실은 실제 매출로 연결되는 기능적 성격이 강한 공간이다. 사진에 보이는 세로로 길게 늘어선 라인은 조명으로 사람이 거울 앞에 섰을 때만 작동한다. 고객은 저 빛으로 그림자를 최소화하여 가장 효과적인 피팅을 할 수 있다. 준지의 공간에서 유일하게 그림자를 거부한 공간이기도 하다.

1층 오브제 아래에는 그림자의 형태를 띤 자연석을 품은 바닥
구조가 있다. 관심을 가져야 할 곳은 자연석을 둘러싼 검은
페인팅 부분이다. 반타 블랙(빛을 99.96퍼센트 흡수할 수 있어
세상에서 가장 진한 검은색을 내는 신물질) 도료를 사용해서
자연석이 부유하는 느낌을 전달한다.

1층의 오브제는 그 디테일이
색다르다. 설치 작가 천세창과
협업하여 비닐 소재를 일일이
녹여 접착한 마감으로 의도된
질감을 얻어 냈다.

2층 남성 라인에서 오브제로
인해 생긴 그림자는 서로
중첩되어 또 다른 현상을
보여 준다.

그림자 안에는 또 다른 그림자가 존재할 수 있고
그림자는 오브제와 다른 변형된 형태를 보여 주기도 한다.

공간의 요소 역시 의도적으로
띄워져 있는 이미지를 가진
것들로 구성되어 있다.

〈블랙은 준지를 상징하는 컬러이고, 무형의 존재 중 가장 아름다운 그림자 역시
블랙이다.〉준지 크리에이티브 디렉터 정욱준의 말이다.

메인 입구로 들어와 카페를 지나면 준지의 1층 여성 라인으로
공간이 바뀐다. 그리고 이 길은 런웨이에서 모티브를 얻었다.
누군가 이 길을 걷고 있을 때 카페에서 이 모습을 바라보면
마치 런웨이를 걷는 모델을 바라보는 것과 같다는 점을 이용한
설계이다.

카페 공간 구성은 서로 마주하는 방식이 아닌 창밖의 풍경에
더 집중하도록 되어 있다.

건축의 처마 안에는 나무를 품은 구체의 오브제가 떠 있는데
이 역시 그로 인해 생긴 그림자를 보기 위함이다.

1층 카페는 두 개의 빛이 만나는 위치에 고객이 머물도록
설계했다. 이는 그림자 안에 있지만 빛에 머무는 게 자연스러운
현상이라 생각했기 때문이다.

카페 공간에 끌어 들인 빛은
어두움의 농도를 다채롭게
느끼게 해준다.

기하학적 도형이 건축이 되는
과정은 익숙하지만 그 모습은
어쩐지 도시 안에서 낯설다.

기하학 도형에 동양의 지붕
개념을 추가했다.

처마의 끝에 건축의 진입로가 자연스럽게 이루어졌다.

UNTITLE DOT 언타이틀닷

언타이틀닷은 편집 매장입니다. 그러나 제품만 취급하는 편집 매장이 아니라 〈라이프 스타일을 편집하는 공간〉이라는 표현이 더 정확합니다. 어제는 패션 잡화를 팔았지만 오늘은 갤러리로 바뀌고 내일은 파티를 열거나 때로는 이 모든 게 가능한 공간, 말 그대로 〈언타이틀〉이지요. 하지만 이런 것들이 저마다 서로 다른 문화나 다양함을 드러내는 게 아니라 하나의 취향으로 일관되어야 합니다.

클라이언트는 처음부터 이 전부가 가능한 공간을 원했습니다. 그들이 좋아하는 옷, 음식, 음악 등 취향을 보면 어떤 공간이 잘 어울리는지 머릿속에 금세 떠올랐지만, 문제는 이번 프로젝트의 공간이 모든 것을 담기에 턱없이 부족하다는 점입니다. 아, 문제가 아닐 수도 있군요. 공간은 언제나 부족하기 마련이니까요. 하지만 확실한 건, 그럴수록 공간은 복잡하지 않고 단순해야 한다고 처음부터 생각했습니다. 여기서 〈단순〉을, 그저 간략하다거나 많은 것이 생략되었다 혹은 비어 있다거나 부족해 보인다로 해석하면 곤란합니다. 우리는 이 공간에서만큼은 이렇게 정의하려고 애를 썼습니다.

국어사전의 단순: [명사] 복잡하지 않고 간단함.
언타이틀닷의 단순: 복잡하지 않고 간단하여, 간단하게 복잡한 일을 해낼 수 있음.

어쩌면 그것은 〈높은 완성도〉를 지니고 있다고 말해도 좋을 것 같아요.

〈이 공간은 단순해야 한다!〉 생각이 그렇다는 것이지 그 과정이 단순할 리 없습니다. 단순한 결과를 단순하게 생각했다면 그건 단순한 생각이겠죠. 우리는 단순으로 가는 과정이 단순한 문제가 아님을 알아야 했습니다. 한정된 공간에 여러 가지 성격을 모두 담고 싶다면 방법은 둘 중 하나입니다. 그 모든 것이 가능할 만큼 넓든가 그게 아니라면 성격에 따라 움직임이 가능한 기능을 갖추든가. 단순한 논리죠.

언타이틀닷의 공간은 그만큼 넓지 못하기에 우리는 당연히 움직임이 가능한 공간을 구성해야 합니다. 다만 그 방법에 있어서 더 좋은 해결책을 찾아야 했죠. 가구나 벽체 아래에 바퀴를 달아서 변화를 꾀하는 방법은 그리 어렵지 않았으나 우리가 원하는 방향과 많이 달랐으며 그 짜임새에 있어서 분명 허점이 노출될 것입니다.

우리는 그전에도 같은 방식으로 변화가 가능한 공간을 시도했었지만 그 기능이 적극적으로 사용되지 않았습니다. 아니 극히 드물었지요. 고민은 점점 더 깊어졌고 우리가 내린 결론은 이랬습니다. 〈어디 가서 단순하게 하겠다는 말은 되도록 하지 말아야겠다. 그건 정말이지 너무 단순한 생각이야.〉

해답은 갑작스럽게 찾아오곤 합니다. 일상에서 말이죠. 우리는 종종 사다리 게임을 하곤 합니다. 가벼운 벌칙이 있는 게임을 한다거나 아니면 선뜻 정하기 힘든 결정을 할 때 말이죠. 제비뽑기도 좋지만 어쩐지 사다리 게임을 더 좋아합니다. 모두가 어느 정도 게임 규칙에 관여할 수 있는 점이 좋습니다. 그로 인해 결과가 어떻게 될지 모르는 것도 무척이나 흥미진진하잖아요. 게다가

1. 인원에 맞춰서 세로선을 그어 준다.

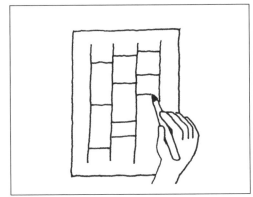

2. 먼저 기본적으로 가로선도 몇 개 그린다.

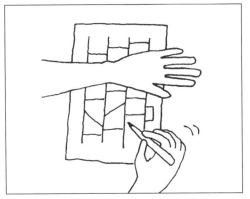

3. 한 명씩 돌아가며 다른 사람이 볼 수 없게 선을 추가한다.

4. 자신의 차례가 오면 고민하는 척을 한다.
(사실 아무 의미가 없다.)

사다리 게임을 하는 방법

방법은 어렵지 않고 복잡한 문제를 쉽게 풀어 주죠. 아, 이거야말로 우리가 찾는 단순 그 자체! 눈이 번쩍 뜨였습니다. 또 이름마저 마음에 쏙 듭니다. 게임 형태가 사다리를 닮았다고 하여 사다리 게임으로 불리는 듯한데 매우 재치 있는 이름이라고 생각했죠. 언타이틀닷의 공간은 바로 이 사다리 게임에서 모티브를 얻었습니다. 그래서 공간의 부제 역시 〈사다리 게임〉입니다.

사다리 게임이라는 키워드가 무척이나 마음에 들어 우리는 곧바로 아이디어를 스케치하기 시작했습니다. 동료끼리 사다리 게임을 하던 우리의 모습을 있는 그대로 빌려 와 그렸고, 그 과정에서 실제 공간에 현실화된다면 어떨지 상상도 했습니다. 매우 단순한 발상이죠.

아이디어 스케치가 끝나자마자 생각했습니다. 〈이거 더 생각할 것도 없겠다.〉 거짓말처럼 모든 게 명쾌하게 해결되는 순간이었죠. 이 사다리 게임 공간은 클라이언트가 요구한 모든 것이 가능했습니다.

세로선의 구조는 조명 역할을 할 것이며 가로선은 기본적인 행어 역할을 합니다. 이 행어 봉들은 탈부착이 가능하여 원하는 만큼 늘릴 수도 있고 뺄 수도 있습니다. 한쪽으로 완전히 밀어 버릴 수도 있죠. 그렇게 되면 공간은 아무것도 없습니다. 우리 모두가 춤을 출 수도 있겠죠.

설계가 진행되면서 행어가 가지는 기능이 점점 더 많아져 그 잠재력에 놀랐습니다. 옷을 걸고 움직일 뿐만 아니라 그림도 걸 수 있어서 전시 때 유용하고, 더불어 공간을 분할하는 역할도 가능합니다. 때로는 조명을 추가로 설치해 공간을 더욱 빛나게 해주는 것도 가능합니다.

Ladder game

동료들이 모여 사다리 게임을 하고 실제로 공간에 적용된 상상을 그리다.

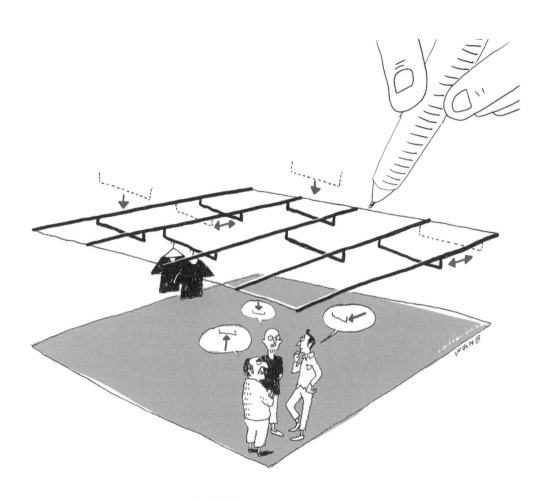

사다리 게임의 규칙은 공간의 천장에 적용된다.

맨 처음에는 행어의 구조를 움직임으로만 고려했기에 단순히 〈ㄷ〉자 구조로 구상을 했으나 이걸로는 부족하다고 느꼈습니다. 중심이 흔들려서 사용이 불편할 것이고 그림이나 포스터를 설치할 때도 견고하지 못합니다. 또 언타이틀닷에서 판매하는 옷의 사이즈가 다양해서 높낮이를 조절할 필요도 있었죠.

헹어의 디테일 변화는 이번 프로젝트에 있어서 단연 돋보이는 성과였습니다. 공간의 완성도가 달라졌으니 말이죠. 이로써 공간은 정말 단순하게 많은 복잡한 일을 가능하게 해주었고 완성도 또한 만족스러웠습니다. 언타이틀닷은 간결하지만 모든 것을 가지고 한편으론 넉넉하게 꾸려져 있습니다. 누구나 처음 공간을 접하더라도 쉽게 그 기능을 예측할 수 있고 어렵지 않게 사용할 수도 있어요. 짧은 설명만으로도 쉽게 공간의 의도를 이해하죠. 즉 매우 단순한 공간입니다. 하지만 단순해지려면 명심해야 할 게 하나 있습니다. 〈더 생각할 게 없더라도 한 번은 더 생각해 볼 만하다〉는 것이죠.

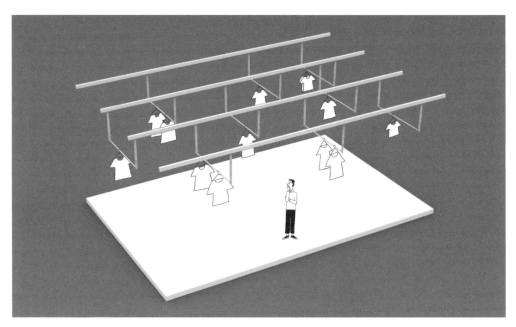

자유로운 의상 전시가 가능한 공간 활용에 대한 예시.

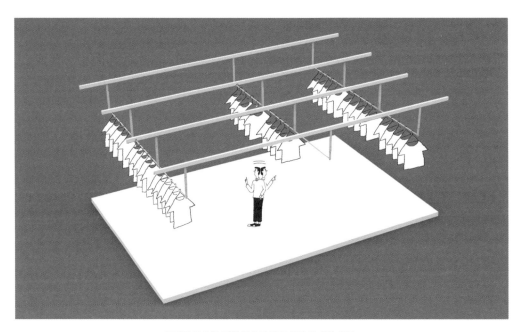

구분이 필요한 기획 의상의 배치 활용에 대한 예시.

레일을 한곳으로 몰아 넓게 활용하면 제3의 공간으로 바꿀 수 있음을 보여 주는 예시.

사다리 게임에서 세로선과 같은 라인은 레일과 조명 역할이자 공간의 중심이다.

가로선의 헹어는 바에서는
포인트 조명이 되기도 한다.

레일을 기준으로 가로선에
해당하는 헹어를 자유롭게
옮길 수 있다.

자유로운 배치가 가능한
사다리 게임 콘셉트의
언타이틀.

푸르지오 써밋 갤러리

APARTMENT

아파트 브랜드인 푸르지오 써밋에서 서울 강남구 대치동에 자리한 써밋 갤러리의 설계에 참여해 달라는 요청을 받았습니다. 이곳은 푸르지오 써밋의 유닛 모델 하우스를 포함하는 복합 문화 공간이기도 합니다. 그래서 아파트라는 주거 공간에 대한 정체성이 갤러리에도 녹아들어야 했습니다. 설계에 앞서 스스로 질문을 하나 했죠 〈우리가 원하는 아파트는 어떤 곳일까?〉

사실 아파트는 단조로운 주거 문화의 상징과도 같습니다. 도시인의 생활 환경에 유리한 지리적 조건과 다양한 문화 시설 그리고 뛰어난 편의성을 갖추었지만 반복적이고 단순한 공간 때문에 그런 면이 더 부각되어 있지요. 그래서 비꼬듯 성냥갑 같다는 꼬리표도 붙게 되었죠. 흥미로운 건, 아파트가 그것으로 부터 탈피하려고 움직이면서 진화가 시작되었다는 것입니다. 최근 아파트들은 다양한 라이프 스타일을 공간 안으로 끌어 들이려 많은 노력을 기울이고 있어요. 우리 역시 이제 아파트가 보여 주어야 할 성격은 다양성이라는 것에 이견이 없습니다. 다만 그것이 여러 형태〈만〉 가져온 게 아니라면 말이죠.

아파트는 여러 사람이 한데 모여 사는 공간이기에 그만큼이나 많은 다양한 스타일의 삶이 존재합니다. 그렇다면, 아파트가 그런 삶을 담는 것에만 그치는 게 아니라 표현하는 것도 가능하지 않을까요? 그래서 다른 사람에게 영감을 주는 〈작품〉 같은 생활 공간일 수는 없을까. 그것이 바로 우리가 원하는 아파트이자 살고자 하는 이상향에 가깝지 않을까 조심스럽게 생각했습니다.

그래서 이번 프로젝트의 부제를 〈심포니〉로 하려 합니다. 맞아요, 우리가 원하는 공간은 심포니였습니다. 다양한 소리가 어울려 하나의 강한 울림을 가지고 더 나아가 아파트가 아닌 다른 공간, 다른 삶에도 선한 영향을 퍼뜨릴 수

사람들은 어떤 아파트에서 살고 싶을까?

있는 그런 공간 말이죠. 우리는 아파트가 가져야 할 본질은 〈다양성〉이라고 정의 내렸습니다.

다양한 악기가 조화를 이루는 심포니처럼 이번 프로젝트에서는 팀원들의 생각이 각각의 악기처럼 조화를 이루는 게 가장 중요했습니다. 색다른 의견들이 잘 아우러져 공간으로 연결되리라 기대하면서 회의를 진행했죠. 우리 모두 큰 테이블에 모여 정말 많은 회의를 했어요. 아파트 주거 문화에 대해서 토론하는 것은 물론 디자인, 순수 미술, 인문학, 때때로 정치 이야기, 더 나아가 철학적인 내용까지 다뤘죠. 많은 자료를 모으고 검토하고 아이디어를 추리고 정리된 아이디어를 다시 또 거르고 검토하기를 반복하고 또 자료를 모았습니다.

테이블에는 금세 많은 자료가 뒤섞였고 얼마 지나지 않아 우리는 엄청난 피로감에 휩싸였습니다. 생각 이상으로 의견이 너무 다양해서, 아니 모두 닮은 성격과 취향인 줄 알았던 우리들은 들여다볼수록 가치관의 차이가 더더욱 뚜렷해졌죠. 표현이 다양하고 주장도 제각각이고 원하는 이미지도 서로 다르고 그냥 뭐든지 죄다 너무 다양해서 아우르기는커녕 우울해지는 지경에 이르렀습니다. 기대했던 심포니는 나오지 않았고 테이블만 어지러워졌죠.

그런 시간이 몇 날 며칠 동안이나 계속된 어느 날, 그날 역시도 테이블에 모여 끝없는 토론을 이어 갔을 때 누군가 문득 이런 생각을 하게 되었죠. 자료들이 멋대로 널려 있는 테이블을 보고는, 〈어? 이 모습은 흡사 아파트를 닮지 않았어?〉라고요. 테이블 위에 널린 자료들만 바라보다가 테이블 자체를 봤을 때 이미 그 모습이 하나의 형태로 완성된 것을 알아차렸습니다. 그저 한 걸음

다양하다는 것은…….

뒤로 물러났을 뿐 새로 한 일은 하나도 없었어요.

테이블에 놓인 서로 다른 아이디어는 같이 엮지 않았어도 분명하게 자연스러운 하나의 모습이었습니다. 그냥 조금 멀리서 본다는 것만으로도 이런 면이 보인다는 게 재미있었습니다. 그리고 그 이유가 자료들을 하나로 묶어 주는 〈테이블〉이라는 프레임이 있기에 가능했고, 또 그 안에는 아이디어를 정리한 〈종이〉라는 프레임이 있어서 볼 수 있는 풍경이었습니다. 다양성을 이야기하기 위해서 공통의 프레임이 필요하다는 것을 깨닫게 해주었죠. 다양성이 결국엔 공통성이라는 키워드로 도달하다니 아이러니하네요.

이것은 우리가 아파트를 다시 정의하게 된 계기가 되었습니다. 〈아파트가 가져야 할 본질은 어쩌면 다양성이 아니고 가장 공정하게 담아 주는 통일성에 있다.〉 써놓고 보니 이상하네요. 이건 원래 아파트가 가진 가장 두드러진 특징이 아니었던가. 하물며 우리는 똑같은 모습으로 나열된 그 모습을 성냥갑 같다고도 표현하며 비꼬았고 그것으로부터 벗어나기 위해 다양성을 표현해 주자고 했는데 말이죠. 돌고 돌아서 그 흔하디흔한 모습을 마치 처음 본 것처럼 놀라고 흥미로워하다니.

그렇습니다. 우리가 진짜로 해야 할 일은 그것으로부터 벗어날 게 아니라 그것을 가만히 들여다보는 것이었는지도 몰라요. 누군가가 〈그걸 이제 알면 어떻게 하냐?〉고 물어보면, 글쎄요, 〈막연하게 알고 있었는지 모르지만 이런 생각을 거쳐 다시 안다는 건 다르다고 생각한다〉고 변명 아닌 변명을 해야 할지도 모릅니다. 그런데 정말로 그때부터 아파트가 제각각 다르고 흥미롭게 와닿았습니다. 무의미하게 반복한다고 생각했던 공간은 모두 하나하나 그 안에

프레임을 발견하다.

이야기를 가진 영화처럼 보이기 시작했죠. 우리가 찾던 다양한 본질은 이미 그 안에 존재해 있었습니다.

있는 그대로 보기 시작하면서 무심하게 늘 봐왔던 것도 새롭게 보이기 시작했습니다. 그중 가장 흥미로웠던 것은 바로 외부 야경입니다. 언제나 똑같은 모습으로 도시를 지루하게 만든다고 생각했었는데, 이제 보니 창문 프레임을 통해 나오는 빛은 저마다 달랐습니다. 우선 집집마다 조금씩 다른 전등을 사용해서 온도가 달랐고, 무엇보다 불이 켜지는 시간대가 모두 다르다는 것을 느끼게 되었죠. 그래서 우리는 아파트의 모습을 시간과 프레임(창)이라는 관점에서 바라보기도 했습니다.

닮은 공간과 비교적 닮은 삶의 집합이라고 해도 집을 사용하는 시간은 저마다 달랐습니다. 평범한 학생이나 평범한 직장인이라고 가정한다 치더라도 각자의 시간은 모두 다를 수밖에 없으니 불이 켜지는 시간도 제각각입니다. 그러한 다양한 삶이 참 많이 모여 있어요. 순간순간마다 아파트가 보여 주는 야경은 같아 보여도 실은 매번 다를 것입니다. 오늘 야경과 내일 야경이 다르니 어쩌면 지금 보는 건 다시는 볼 수 없는 풍경이겠지요. 다양하다 못해 다채롭기까지 한 이 모습은 도시의 모습이기도 합니다. 아마도 도시의 파사드 역할을 아파트가 하는 게 아닐까 생각까지 하게 되었어요. 우리는 이 경험을 써밋 갤러리에 녹여 보는 것도 좋다고 여겼습니다.

아파트가 가진 프레임에 주목했지만 한번 더 생각해 보니 역시 본질은 프레임이 아닌 프레임 너머에 있는 공간 그리고 그 공간에 녹아든 삶이라는 생각

밤에 시시각각 매일 변하는 불빛들은 우리에게 미의 교향곡과 같다.
저 이미지를 오르골이라고 상상해 보는 것도 즐거운 일.

으로 정리되었습니다. 공간의 키워드는 프레임이 아닌 〈프레임 너머〉라는 식으로 결정하였죠. 그리고 그 프레임 너머의 공간을 어떻게 보여 줄까 고민했습니다. 그것을 잘 표현하는 게 결국 이번 프로젝트의 부제인 〈심포니〉로 귀결될 거라 생각했으니까요. 써밋 갤러리의 로비는 이러한 의도가 가장 명확하게 드러나 있습니다. 다음다음 페이지에 그림으로 소개하는 써밋의 로비를 보면 더욱 쉽게 이해가 갈 거예요.

한편 써밋 갤러리 1층에 자리한 라운지는 꽤 구체적이고 다채롭습니다. 이곳은 〈프레임 너머〉라는 키워드에 응용을 더해 변화를 꾀했는데 이 또한 무척이나 흥미로워요. 프레임을 공간 바닥과 천장에 적용시켜서 어떤 공간은 〈예술가의 서재〉라는 콘셉트로 설계했습니다. 여기에는 인상파 예술가가 좋아할 법한 책과 가구 그리고 조명 기기로 잔뜩 디스플레이되어 있어서 굉장히 파격적이고 강렬합니다. 또 다른 프레임으로 넘어가면 건축가의 거실 공간이 나옵니다. 마찬가지로 건축가의 디자인 감성이 묻어나는 의자가 곳곳에 배치해 있고 영감을 줄 수 있는 공예품도 있어요.

다른 곳도 다양하고 디테일한 취미로 가득 차 있죠. 또한 도시의 파사드라는 콘셉트를 이미지화해서 적용시키기도 했습니다. 정말이지 써밋 갤러리 라운지는 보여 주고 싶은 요소가 참 많은 공간입니다. 화려하고 현란한 스타일의 곡을 연주하는 클래식 음악회를 접하는 기분이 들죠. 둘러보는 것만으로도 다양한 취향을 간접 경험할 수 있으며 나아가 자신의 라이프 스타일에도 영감을 불러올 수 있는 공간입니다.

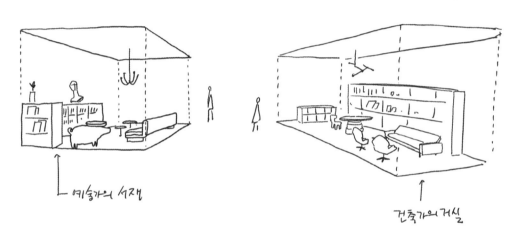

예술가의 서재

건축가의 거실

써밋 갤러리의 라운지.

　써밋 갤러리는 좋은 아파트란 어떤 것일까 하는 고민으로 시작해 다양한 본질을 어떻게 하면 잘 드러내어 표현하고, 심포니와 같은 하나의 강한 울림을 줄 수 있을까 하는 고민으로 귀결된 프로젝트입니다. 흥미로운 점은 어느 순간부터 프로젝트 내내 〈다양성〉이 아니라 〈공통성〉에 대해서 고민했다는 거죠. 다양성을 위해서 공통성을 고민하는 것이 다양성을 표현하는 길이라니. 그럼 공통성을 위한다면 다양성을 가장 중요하게 고려해야 한다는 의미도 될까요. 그랬던 거 같기도 하고. 흠, 재미있네요. 앞으로도 많은 프로젝트에서 이 같은 아이러니가 늘 생기겠죠.

여기 아파트가 있다.

우리가 보고자 하는 건

외부 프레임이 아니라

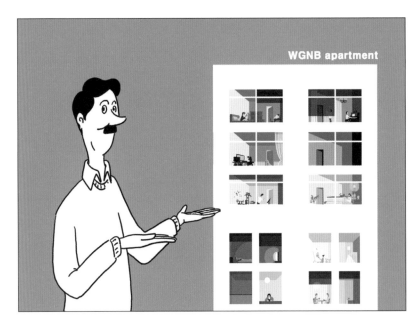

프레임 너머의 이것이다.

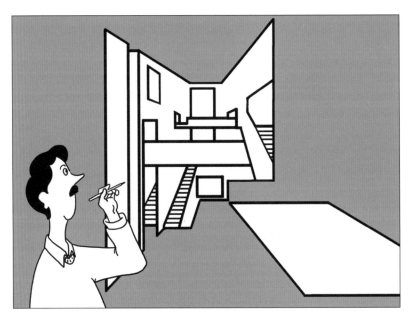

써밋의 로비가 대략 이런 식인데

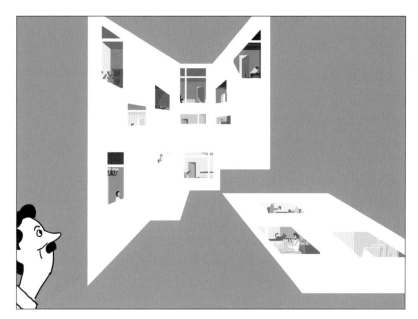

이렇게 적용한다.

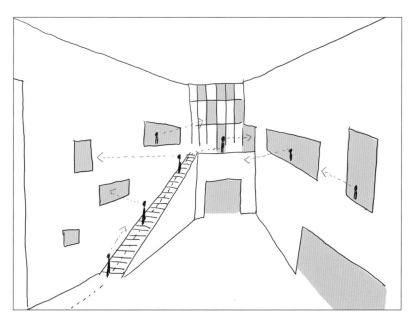

공간을 이용하는 사람은 지금 자신이 서 있는 그 자리의 공간감을 느끼기도 하지만
프레임 너머 공간에도 흥미를 가지게 된다. 자연스럽게 동선을 따라갈 수 있도록 설계한 것이다.

써밋 갤러리 로비는 프레임의 향연이라 불러도 될 만큼,
다채로운 프레임으로 구성되었다.

프레임에서 프레임으로 전환되는 길조차도 프레임의 일부다.

일상적인 공간도 프레임
너머에 있으면 특별해진다.

프레임은 모두 그 너머
공간을 위해서 존재한다.

동선을 따라 길을 걸으면 프레임 너머로 다음 공간이 기대된다.

프레임을 통과해 공간이
바뀌면, 지나온 길은 또 다시
프레임을 통해 색다르게
보인다.

로비에서 보이는 라운지의
프레임.

써밋 갤러리의 라운지 풍경.

프레임의 성격에 따라 가구도 성격을 달리한다. 위는 건축적
성향을 가진 가상의 인물이 쓰는 가구.

천장의 이미지는 사진작가 최용준의 작품으로 한 달간 푸르지오
써밋을 관찰하고 끌어낸 결과물이다.

도시의 파사드라는 아파트 야경은 사진작가를 통해 직접적으로
표현하기도 했고, 영상을 이용해 은유적으로 표현하기도 했다.

이 공간은 써밋 갤러리의 궁극적 목적인 〈모델 하우스〉를 보기 위해 예약을 한 대기자들을 위한 곳이다. 차분한 톤으로 꾸며졌으며 역시나 프레임이 공간을 설명하고 있다.

써밋 갤러리에는 다양한 프로그램을 위한 공간이 있고 이 역시 천장에 프레임이라는 성격으로 구분된다.

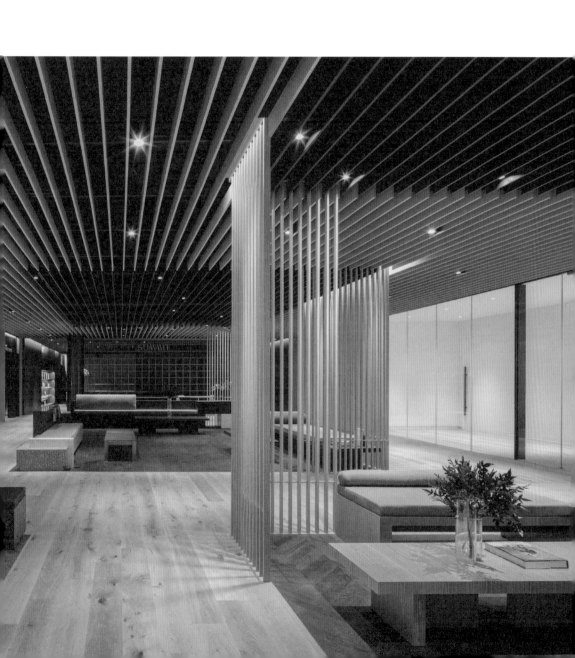

XYZ
FORMULA

XYZ 포뮬러

브랜드를 위한 공간은, 보이는 모든 것이 브랜드를 위해 존재하지만 사실 진짜 가치는 보이지 않습니다. 그렇다고 공간이 브랜드를 강요하려 들면 오히려 사람들과 소통이 잘되지 않습니다. 정도를 지나쳐 학습을 해야 하는 공간이라면 거부감을 갖기 마련이니까요. 정말 좋은 방법은 고객이 직접 느낄 수 있도록 무언의 경험을 전하는 것. 바로 우리가 원하는 소통의 방식입니다.

그런데 그 소통의 방법은 어쨌든 브랜드 안에 있습니다. 결국 강요와 소통의 차이는 〈디자이너와 브랜드가 얼마나 폭넓은 대화를 했는가〉에서 그 차이가 발생합니다. 그리고 그 과정에서 디자이너는 브랜드를 마음대로 상상하지 말아야 하는 것도 중요하죠. 지금까지의 브랜드 맥락을 이해하고 브랜딩 전개 과정에 관심을 가져야 합니다. 물론 한 지역의 문화나 누군가의 삶처럼 그 양이 방대하지는 않지만, 분명 모든 브랜드는 그만의 역사를 갖고 있지요. 이제 막 시작하는 브랜드조차 역사는 존재하기 마련입니다.

프로젝트 〈XYZ 포뮬러〉도 마찬가지였습니다. 그때 당시 시점으로는 아직 세상에 나오지 않은 신규 브랜드였으니까요. 그렇다면 이 브랜드가 짧지만 어떤 역사를 가지고 우리에게 왔는지 알아야 합니다. 대부분의 브랜드는 기획뿐 아니라 많은 단계를 거치면서 하나씩 완성되는데 정말 다양한 사람들이 함께하지요. 그리고 각각의 분야에는 분명 저마다 다른 디자이너들이 존재합니다. 각기 다른 분야에서 활동하지만 크게 보면 모두 다 같은 디자이너 영역에 존재하며 서로서로 많은 영향을 주고받습니다. 프로젝트의 시작과 동시에 다 같이 모여서 협업으로 진행되기도 하지만 XYZ 포뮬러 같은 경우는 이전 작업들이 모두 진행된 상태에서 저희에게 전달된 경우였어요. 마치 바통을 넘겨주

기획 당시 접했던 XYZ 포뮬러 광고 영상. 식빵을 가지고 한 실험을 여과 없이 보여 주어
제품에 신뢰를 주었고 이는 공간 프로젝트에도 영향을 주었다.

며 이어달리기를 하는 것처럼 말이죠. 공간 디자이너인 저희가 마지막 주자로서 역할을 해야 했습니다. 그리고 우리 이전에 남겨진 디자이너들의 기록이 곧 저희가 중점적으로 봐야 할 XYZ 포뮬러의 역사였습니다.

그날도 여느 때와 마찬가지로 담당자가 건네준 자료를 검토하며 회의를 진행하고 있었습니다. 그리고 그 자료 중에 론칭 캠페인을 위한 영상도 있었죠. 공간의 실마리를 준 보석 같은 자료였습니다.

〈보습의 끝판왕〉이라는 키워드로 제작된 영상은 이랬습니다. 모델이 식빵을 앞에 두고 서 있습니다. 곧이어 잼을 바르듯이 빵의 한 면에만 XYZ 포뮬러 제품을 바르고 다른 한 면에는 아무것도 하지 않습니다. 그리고 토스트 기기에 넣어 열을 가하고 다시 꺼내 살펴보았을 땐 재미있는 현상을 목격하게 됩니다. 바르지 않은 면은 검게 타버렸고 반면에 제품을 바른 면은 놀랄 정도로 원래 상태를 유지한 것이죠. 연출이 아닌 있는 그대로의 실험 과정을 소비자가 두 눈으로 똑똑히 확인할 수 있는 아주 대담하면서도 재치 넘치는 마케팅 영상이었습니다. 게다가 세련되고 꼼꼼하게 제작되어 브랜드 이미지를 자연스럽게 담아내었죠.

이 짧은 영상만으로 브랜드가 가진 자신감이 느껴졌어요. 그렇습니다. 브랜드를 느끼게 하고 싶은 마음은 공간뿐만이 아니었던 것이죠. 이 결과를 위해서 광고 대행사 측은 다른 타사 제품과도 비교해 가며 수없이 많은 실험을 반복했고 결과를 보고 확신이 든 후에 최종 영상을 제작했다는 뒷얘기도 알게 되었습니다. 다른 분야의 디자이너가 브랜드를 위해 거쳐 온 과정은 우리에게 소

이걸로 할게요!
〈스미다.〉
스미다 씨.

중한 자료가 되었고, 그 자료를 통해 우리 역시 브랜드를 더욱 신뢰하게 되었으며 공간도 그 가치를 이어받을 필요가 있었죠.

우리는 더 이상 망설일 필요가 없다고 느꼈습니다. 공간 역시 이걸로 시작하자! 제품이 피부에 잘 스며드는 것을 말하는 〈보습〉을 조금 달리 말해서 〈스미다〉로 정하자! 브랜드가 걸어온 기획과 제작 과정이 공간으로까지 무사히 전달된 순간이었습니다. 굉장히 즉흥적 결정처럼 보이는 선택이었지만 나름 이유가 있었죠. 대략 두 가지 관점으로 추릴 수 있는데 하나는 브랜드 기획(로고 및 컬러처럼 드러나는 이미지)과 캠페인이 서로 가지고 있는 유기적 연결성에 공간도 참여하여 하나의 통일성을 이루는 마지막 퍼즐이 될 수 있다는 것이고, 다른 하나는 〈스미다〉라는 키워드가 브랜드를 상징하기에 아주 좋은 수단이라는 점입니다. 이것을 보충 설명할 수 있는 유익한 이야기가 하나 있습니다.

〈간판은 두 번 바꾸는 것이다.〉 티브이 프로그램 「백종원의 골목식당」에서 백종원 대표가 솔루션을 제시하면서 팁으로 한 이야기입니다. 식당이 간판을 두 번 바꾼다는 말은 시작할 때의 간판은 하나의 대표 메뉴를 앞장세워, 예를 들면 〈짜장면 잘하는 집〉을 가장 크게 쓰고 그 아래에 작은 글씨로 (예를 들어) 〈미향〉이라는 상호를 적은 것이 〈시작하는 간판〉입니다. 후에 손님들에게 성공적으로 식당의 대표 메뉴가 각인되었다면 이때 간판을 한 번 더 바꿉니다. 이번에는 큰 글씨로 〈미향〉을 쓰고 그 아래 상대적으로 작은 글씨로 〈짜장면 잘하는 집〉이라고 표기해서 이번에는 상호를 강조합니다. 그러고 나서

짜장면 잘하는 집

미향

미 향

짜장면 잘하는 집

미 향

〈간판은 두 번 바꾸는 것이다.〉「백종원의 골목식당」 중에서.

가게가 자리를 잡으면 그때 마지막으로 간판에 〈미향〉이라는 이름만을 남긴 간판으로 교체를 하는 것이 좋다는 팁이었죠. 이 내용은 달리 말하면 브랜드의 성장 과정을 이야기한 거나 다름없습니다. 시작하는 브랜드가 대표 장점을 전면으로 어필하는 전략은 방법적 측면에서도 꽤나 효과적이기 때문입니다. 그리고 XYZ 포뮬러의 〈시작하는 간판〉이 〈스미다〉인 셈이죠. 그렇게 우리는 〈스미다〉라는 키워드를 가지고 공간에 접근하기 시작했습니다.

시작하기에 앞서 우리는 두 가지 파트로 영역을 나누어 구상해야 했습니다. 하나는 5층에 이르는 XYZ 포뮬러 본사 건물의 파사드를 이미지화하는 외관 디자인 설계였고, 다른 하나는 같은 건물 1층의 판매 매장인 〈XYZ 포뮬러 스토어〉였습니다. 브랜드 측에서는 외부 파사드 디자인에 관련해 한 가지 조건을 부탁했습니다. 기존 건물의 건축적 기능, 즉 채광과 환기를 유지하고 싶다는 바람으로, 바꿔 말하면 창틀을 건들지 말자는 이야기였지요. 그 말인즉 현재의 건물 내부 구조에 대대적인 변화를 주어서는 안 된다는 뜻이기도 했습니다. 저희로서는 꼭 해결해 내야 할 임무였죠. 그런데 이 문제를 해결해 준 것은 다름 아닌 〈스미다〉라는 공간 아이디어였습니다.

우리는 〈스미다〉라는 이미지를 표현할 수 있는 펀칭 메탈(속칭 타공판)이라는 소재를 고려하고 있었죠. 이 소재는 차단과 투과성이라는 상반된 장점을 동시에 가지고 있었기에 일반적이었던 건축 외관을 효과적으로 가려 주고 채광과 더불어 안에서도 외부 풍경을 느낄 수 있기를 바랐습니다. 밤이면 불빛이 새어 나와 아주 멋진 파사드를 만들어 줄 거라 상상했어요. 또한 기존 창문 기능만 유지시켜 준다면 환기에 있어서도 좋은 해결책이 될 수 있겠죠.

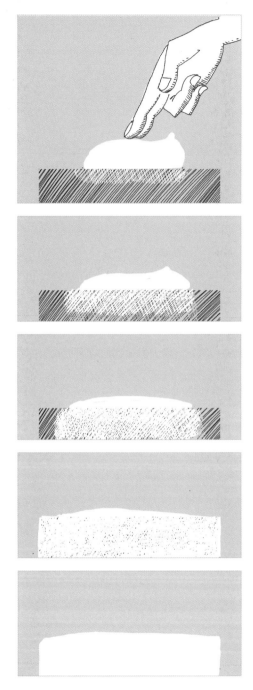

천천히 꼼꼼하게 꽉 차도록 스며드는 이미지를 원하고 설계를 시작했다.

하지만 5층이나 되는 건축물에 바라는 이미지를 현실화하기 위해서는 그에 어울리는 시공 디테일이 따라와야 합니다. 무엇보다 중요한 일이죠. 우리는 우리가 선택한 소재가 벽과의 설치 간격에 따라 그 농도가 달리 보인다는 점에 착안했습니다. 거리 조절을 이용해 스며드는 이미지를 표현해 내리라 마음먹었죠. 기본적으로 바둑판 구조이고 판과 판 사이의 간격을 이용해서 농도를 조절하는 방식이었어요. 그래서 건물 전면에 계단식 구조를 이용한다면 쉬울 거라 생각하고 도면을 풀어냈습니다.

가장 어두워야 하는 건물 꼭대기 층에는 간격을 많이 띄운 모듈을 설치하고 한 줄 한 줄 내려갈수록 서로간의 간격을 좁히면 되리라 생각했죠. 가장 단순하게 풀어낸 시공 디테일이라 여러모로 이득이 될 거라 여긴 우리의 생각은 구상을 마칠 때쯤에야 〈잘못됐다〉는 것을 깨달았습니다. 너무 1차원적으로 해석된 파사드는 시공 과정은 심플했으나 보이는 이미지는 복잡했습니다. 더군다나 계단 구조는 단 차이로 인해 그림자가 생겼지요.

이러한 과정을 겪은 우리는 파사드의 면이 수직적 페이스를 고수해야 함을 알게 되었고 시공 디테일에 대해서 생각을 뒤집자는 발상을 통해 새로운 방법을 찾아야 했습니다. 해답의 실마리는 가장 단순하게 생각했던 펀칭 메탈 구조의 보강대를 다르게 생각하면서 발견했죠. 단순했던 레일 형태에서 삼각형 구조로 변화를 주었고, 시공 과정에서 불필요한 수고를 덜어 주며 더 정확한 거리 조절을 위해 이곳에 계단식 구조를 도입했습니다.

전에는 드러났던 계단 구조가 안으로 숨어든 묘책이 되었죠. 그러면 펀칭 메탈 구조는 수직적 페이스를 가질 수 있게 되어 면이 심플해질 뿐만 아니라

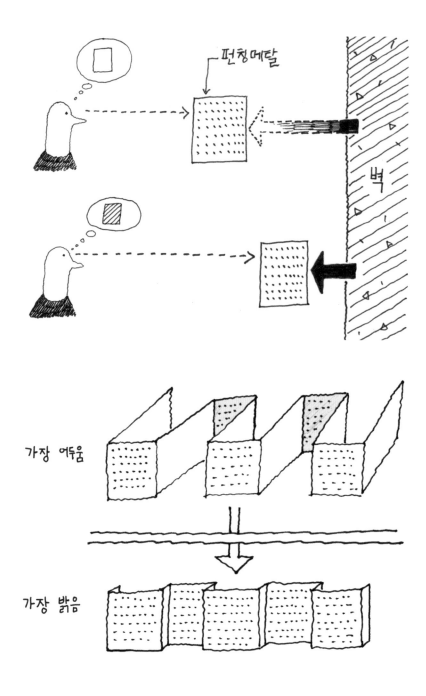

펀칭 메탈 소재는 설치 간격에 따라 그 농도가 달리 보인다는 점에 착안해 구상했다.

단층이 사라져 그림자 또한 라인이 생기지 않게 되었습니다. 더불어 건축물과 구조물 사이에 간격을 주도록 했습니다. 틈의 용도는 바로 기존 건축의 창을 그대로 유지하며 환기를 위해 열수 있도록 하는 거였는데 방대한 양의 펀칭 메탈 구조를 버틸 수 있도록 치밀한 계산을 통해 진행했습니다.

파사드는 최종적으로 지금과 같은 이미지로 완성되었습니다. 펀칭 메탈 소재의 구조물은 차단과 투과성이라는 상반된 장점을 잃지 않았기에 오래된 외관을 효과적으로 가려 주었고 내부에서는 밖이 보이도록 해주었으며 밤이 면 건축의 불빛이 투과해 더욱 멋진 풍경을 만들었습니다. 환기 문제도 해결했고 무엇보다 〈스며드는〉 동적 이미지를 아주 강렬하게 느낄 수 있었죠.

그리고 1층에는 XYZ 포뮬러 스토어가 있습니다. 브랜드가 가진 상징적 요소를 바탕으로 공간을 설계하겠다는 의도는 이곳에도 적극 도입되었죠. 대신 이번에는 형태가 아니라 공간에 컬러가 스며들었다는 생각을 했습니다. 컬러를 강조하는 공간은 꽤나 효과적이며 가장 정석에 가까운 전략입니다. 그래서 위험 요소가 되기도 하죠. 차별성이 떨어지니까요. 다행히도 XYZ 포뮬러 프로젝트는 앞서 작업한 디자이너를 통해 이미 훌륭한 컬러 아이덴티티를 가지고 있었습니다. 차별성이 확실히 있었죠. 이번 역시 다른 영역에서 활동하는 디자이너의 의지가 공간으로 전달된 것 같습니다.

이제 시작하는 브랜드가 컬러를 내세운다는 말은, 반대로 대중에게 친숙해진 단계에 들어서면 브랜드가 가진 색을 조금씩 덜어 내야 할 수도 있다는 점입니다. 몇 해 전 카카오 프렌즈 스토어 강남 플래그십 공간을 설계한 적이 있는데, 이곳을 그 비슷한 예로 들 수 있습니다. 이미 대중은 카카오 프렌즈 스

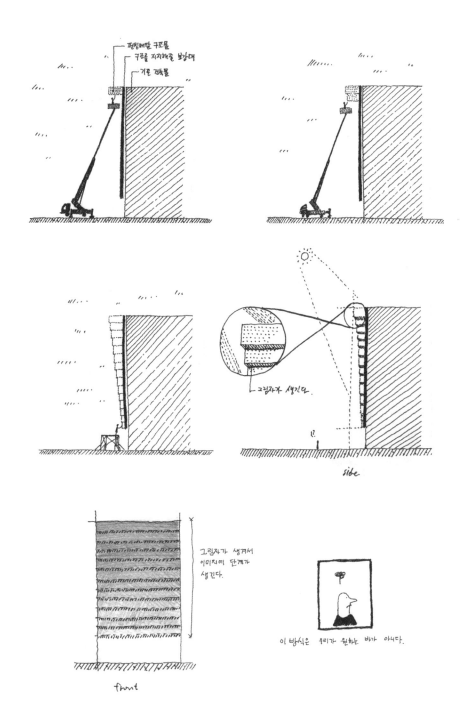

파사드 1차 구상에서는 원하는 이미지를 얻지 못했다.

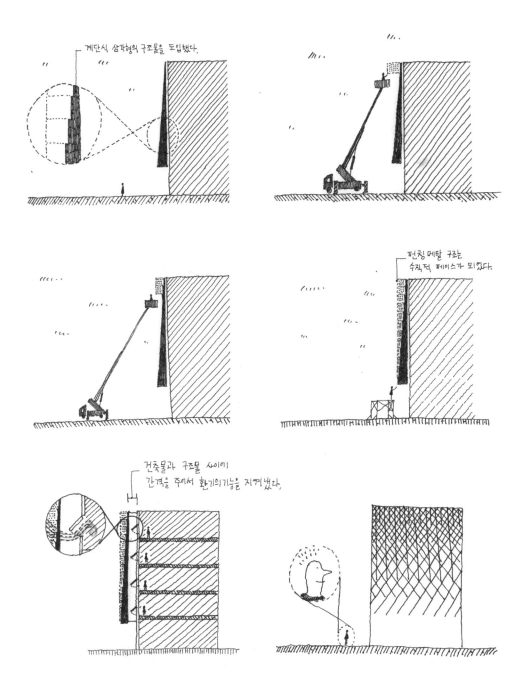

파사드 2차 구상에서는 계단 구조를 안으로 숨기면서 원하는 이미지를 얻었다.

카카오 프렌즈 스토어 강남 플래그십 공간 기획에 대한 그림.

토어의 노란색이 브랜드를 대표한다는 것을 인식하고 난 후였지요. 그래서 그 때는 오히려 컬러를 응집하여 사용하고 많은 부분을 덜어 내는 것을 초점으로 설계를 진행했습니다. 이는 브랜드가 성장하면 성장할수록 한두 가지 요인이 너무 많은 것을 설명하면, 오히려 제한 요소로 작용할 수 있기 때문입니다. 마 치〈짜장면 잘하는 집〉이 훗날 상호만으로도 대중에게 어필한다는 얘기는, 다 른 모든 메뉴에 대한 가능성도 열릴 만큼 성장했다는 뜻인 것처럼 말이죠.

그러나 XYZ 포뮬러 스토어는 이제 막 시작하는 브랜드로 아직은 먼 훗날 의 이야기일지도 모릅니다. 어쨌든 지금 당장은 전면으로 내세워도 좋을 컬러 를 가진 것은 정말이지 긍정적입니다. 다만 공간이 컬러만을 내세운다면 단조 로운 방식으로 끝날 가능성이 있으니 조심해야 해요. 그것이야말로 브랜드를 느끼기보다는 학습시키는 것에 가깝죠. 그래서 우리는 파사드의 펀칭 메탈처 럼 이 공간을 가장 잘 표현할 수 있는 소재를 찾길 바랐습니다. 그렇다면 무엇 을 원하는지 어떤 느낌이길 바라는지 섬세한 감정을 놓치지 않는 과정이 정말 중요하죠.

대상을 찾아 머릿속에 이미지를 떠올린 게 큰 도움이 됐는데, XYZ 포뮬러 가 궁극적으로 화장품을 만드는 브랜드라는 것에 초점을 맞춰 구상했습니다. 화장품을 통해 우리는 무엇을 원하는지 고민했고 자연스럽게 맑고 투명한 이 미지를 가지는 것이 브랜드 가치에 도움이 되리라 판단했죠. 그리고 그것에 가 장 잘 어울리는 소재는〈유리〉와〈슈퍼 미러(스테인리스 소재를 거울 수준으 로 연마한 마감재)〉입니다. 색다를 게 없는 평범한 소재라고 여길 수도 있지만 저희의 생각은 달랐습니다. 이 소재에 컬러를 입힌다면 공간에서 얼마든지 특

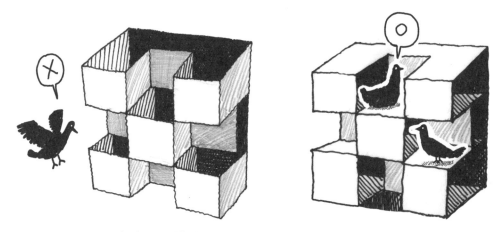

기본적 모듈은 아홉 칸으로 구성되어 있는데 면이 위로 가지 않게끔 했다.
비둘기를 비롯해 새들이 둥지를 틀지도 몰라서였다.

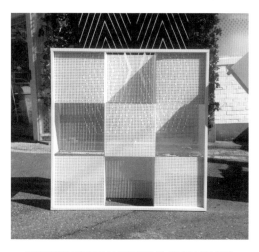

펀칭 메탈은 기본적으로 아홉 칸이 한 세트로 되어 있다.

별하게 보일 수 있는 자신이 있었으니까요.

진짜 문제는 색감이었죠. XYZ 포뮬러의 색채는 조금 다른 점이 있었는데 단색이 아닌 보라색이 그러데이션으로 표현되어 있습니다. 이러한 색감을 인위적인 프린팅으로 작업해서는 안 되겠죠. 공간에 얼마나 세련되게 녹이는지가 관건이니까요. 그러기 위해서는 많은 목업mockup을 통해 실험해 볼 필요가 있었습니다. 그 과정에서 협력 업체의 도움도 필수였죠. 그렇게 공간은 맑고 투명하고 깨끗한 이미지에 컬러를 과감하고 세련되게 적용해 설계되었습니다. 그 자체로 XYZ 포뮬러가 되었죠. 소비자는 공간에 들어선 순간부터 브랜드에 대한 설명을 듣지 않아도 됩니다. 이미 그 인상을 받아들이고 느끼고 있을 테니까요.

소비자가 공간에서 나열된 시각적 요소만 학습한다면 자칫 피로한 공간으로 기억될 확률이 높습니다. 반대로 좋은 느낌을 받았다면 브랜드 가치 상승에 많은 부분을 기여할 수 있죠. 누군가 공간에 들어서면서 자신도 모르게 〈아, 분위기 좋다〉라고 표현한다면 그 브랜드는 무척 높은 확률로 성공할 것입니다. 그 말 안에는 공간이 만들어 내는 복합 요소가 어느 하나 모나지 않게 안전하게 잘 전달이 되었다는 뜻이니까요. 우리끼리는 〈공기가 좋다〉라고 표현하기도 합니다.

당신이 좋은 공간을 느꼈다면, 혹시 그 자리에 누군가와 같이 있다면, 당신은 왜 좋은지 하나하나 곱씹고 설명하고 싶고 같이 공유하고 싶은 심정이 들 것입니다. 상대방도 마찬가지의 눈빛을 주고받죠. 우리는 그럴 때 무언의 소통

샘플 목업 작업.

을 합니다. 사람들은 그 순간을 위해서 여행을 떠나기도 해요. 그리고 그곳에 매료되어 때로는 정착하는 경우도 있습니다. 그만큼 느낌의 가치는 위대하죠. 모든 브랜드는 그 점을 너무도 잘 알고 있습니다. 그래서 지금 이 시점에도 전세계 수많은 디자이너가 열심히 연구하고 끊임없이 발전하며 시도하고 있지요. 어쩌면 앞으로 사람들은 여행에 버금가는 감정을 브랜드 공간에서 느낄 수 있을지도 모릅니다. 그렇다면 도시는 더욱 다양하고 풍성한 문화를 가지게 되겠죠. 매우 기대가 되는군요.

삼각형의 구조물은 그 길이가 무려 15미터에 달한다.

파사드의 시공 이미지.

XYZ 포뮬러의 파사드(낮).

XYZ 포뮬러의 파사드(밤).

XYZ 포뮬러의 파사드는 투과되는 소재로 마감되어
기존 건축물의 채광과 환기 기능을 유지시켜 주었다.

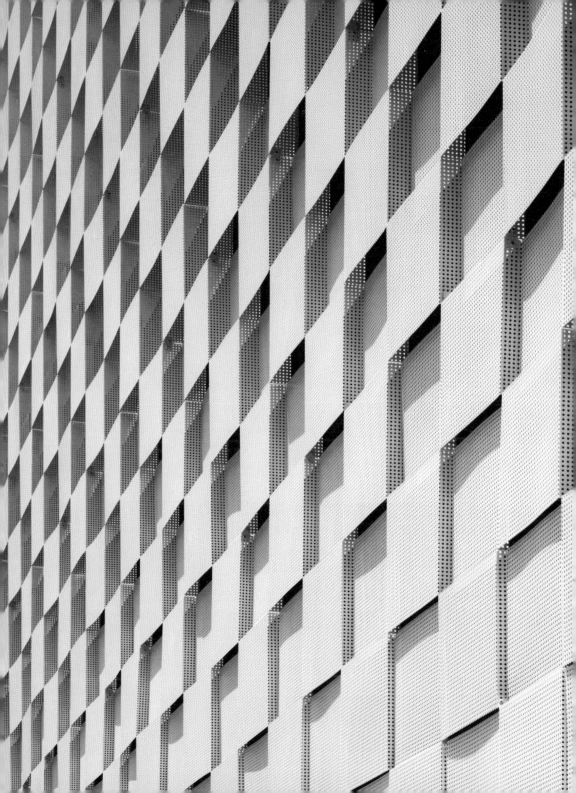

XYZ 포뮬러 플래그십
스토어의 모습. 색감과
재질감으로 브랜드의 성격이
느낌으로 전해진다.

간결하고 명확한 공간 성격은 브랜드의 제품 성격을 대신한다.

DEXTER STUDIOS 덱스터 스튜디오

때로는 공간만으로도 그 사람이 무슨 직업인지 어떤 성향을 지녔는지 짐작해 볼 수 있습니다. 그건 바로 공간을 구성하는 대부분이 〈사용하는〉 사람에 따라 만들어지기 때문이지요. 대표적으로 집이 그렇고 또 업무 공간이 그렇습니다. 이번 프로젝트의 대상은 덱스터 스튜디오라는 VFX(시각 효과) 전문 회사의 공간입니다. 즉 사무실이죠. 덱스터 스튜디오는 VFX를 필두로 콘텐츠의 기획 및 제작 전반을 수행하는 종합 스튜디오로, 우리가 영상에서 접하게 되는 대부분의 특수 효과를 만든다고 생각하면 됩니다. 많은 이에게 흥미롭고 관심이 높은 분야죠. 우리 역시 특수 효과의 초기부터 지금까지 눈부신 발전을 직접 지켜보았기에 더욱 그들이 가깝게 느껴졌습니다.

기대감에 부풀어 처음 덱스터 스튜디오를 방문했을 때는 묘한 기분이었어요. 업무 공간이 마치 르네 마그리트의 「빛의 제국」 같았거든요. 바깥의 밝음과 어두운 사무실의 대비, 그리고 모니터 빛만이 존재하는 사무실 풍경은 굉장히 비현실처럼 느껴졌죠. 그런데 이 점이 흥미로워요. 비현실 같은 현실 공간에서 그들이 만들어 내는 특수 효과는 현실 같은 비현실이니까요. 그래서 우리는 설계를 위해 그들에 대해 더 알아보고 생각해 볼 필요를 느꼈죠.

이렇게 이번 프로젝트는 그들에게서부터 시작했습니다. 스튜디오에서 일하는 사람들은 밖에서 보면 일반 IT 업계 전문직의 모습과 크게 다르지 않았어요. 아마 프로그래머 같은 일을 하는구나 정도로 생각하기 쉽죠. 하지만 실제 일은 단지 컴퓨터를 만지는 수준이 아니었습니다. 우리가 영상에서 만나는 많은 결과물은 모두 엄청난 조사와 연구 끝에 탄생한 〈작품〉들이었으니까요.

기존 사옥에서 받은 첫 느낌은 르네 마그리트의 「빛의 제국」이다.

　　예를 들어, 「미스터 고」라는 고릴라가 야구를 한다는 엉뚱한 상상력을 기반으로 만든 영화가 있습니다. 여기서 나오는 미스터 고(고릴라)는 모두 가상 그래픽입니다. 이 모습을 실제와 같이 만들어 내기 위해 스튜디오 작가들은 고릴라라는 포유류에 대해서 얼마나 많은 공부를 했을까요? 고릴라가 가진 근육부터 뼈마디 하나하나 그리고 모션을 학자처럼 탐구하고 때로는 과학자처럼 주도면밀하게 살펴봤을 것입니다.

　　또 다른 예로 「신과 함께」 시리즈가 있습니다. 웹툰을 원작으로 한 이 영화에서 우리는 상상으로만 그렸던 지옥을 생생하게 볼 수 있었죠. 상상을 현실처럼 표현하기 위해 많은 공부를 했을 게 틀림없습니다. 영화를 관람하는 우리들 입에서 〈우와〉라는 짧은 감탄사가 나오게끔 얼마나 많은 땀을 흘렸을지 상상하면 괜스레 머리가 지끈거릴 지경입니다. 그래서 우리는 이들이 밖에서는 평범해 보이는 프로그래머 같아도 사무실에서는 고릴라를 연구하는 포유류 연구가 때로는 극한의 환경을 극복하는 등산가 혹은 탐험가 그리고 역사학자 같다고 가정했습니다.

　　상상을 현실처럼 만들어 내는 일은 엄청난 수작업을 동반한다는 것도 알 수 있었습니다. 컴퓨터 앞에서 능수능란하게 프로그램을 다루며 일하는 모습은 디지털 환경에서 빠르게 척척 이루어지는 게 아닐까 생각했죠. 「아이언 맨」에서 배우 로다쥬가 보여 줬던 것처럼 말이죠. (아, 생각해 보면 그런 이미지를 위해 「아이언 맨」 영상 전문가들은 뒤에서 얼마나 많은 노력을 했을까요.)

　　그러나 재미있게도 실제 이들은 마치 공예가와 같은 장인들이었습니다. 아무리 최첨단 환경을 가진 스튜디오지만 결국 기술의 근본은 예리한 눈썰미

밖에서는 오히려 평범해 보이는 이들은 스튜디오 안에서는 다양한 직업을 가진 전문가들이다.

덱스터 스튜디오의 작가들은 디지털로 수공예를 하는 장인의 모습 같다.

를 가지고 집요하게 완성도를 추구하는 장인들에게서 나온 셈이지요. 디지털 환경에서 아날로그를 대변하는 공예가의 모습을 보았고, 묘하게 이질적인 그 모습에 흥미가 생겼습니다. 그래서 최종적으로 디지털과 아날로그를 같이 생각하게 되었죠. 우리는 첫 번째 키워드로 〈디지털 크래프트〉라는 말을 만들고 설계를 시작했습니다.

　　공간을 새롭게 만들면서 첫 만남 때 느꼈던 감정 역시 놓치고 싶지 않았습니다. 그래서 〈현실과 비현실 사이〉라는 키워드도 같이 살리기로 했죠. 그러려면 그때 감정을 우리식 그림으로 재해석할 필요가 있었습니다.

　　다음 페이지에 나오는 〈해 뜨는 밤〉은 자기 작업에 몰두한 나머지 지금이 밤인지 낮인지 지금 만들고 있는 게 현실인지 비현실인지 잘 모르고 있는 정신 세계를 표현한 그림입니다. 어쩌면 실제 스튜디오 작가들은 너무 현실 같은 영상을 만들면서 진짜 현실이나 영상 속 비현실과의 혼돈을 겪는 경우도 있지 않을까. 아니 어쩌면 이들은 그 사이 어디쯤 존재하는 것이 아닐까 하는 상상을 했습니다. 덧붙여 산처럼 쌓인 것들은 최종 결과물이 나오기 전까지의 과정 혹은 실패들입니다.

　　우리가 영화나 영상에서 보는 이미지는 이러한 과정을 거쳐 성공했다고 불릴 만한 것들만 보는 것이겠죠. 도중에 탈락되어 나오지 못한 작품들이 얼마나 많이 있을까 하는 상상을 하며 표현했습니다. 그렇게 〈디지털 크래프트〉와 〈현실과 비현실 사이〉, 두 키워드를 녹인 공간으로 설계했죠.

　　기존 어두웠던 사무실은 분명한 이유가 있었습니다. 더 정확한 영상 작업

현실은 밤인데 해가 떠 있는 비현실 같고, 그들이 만들어 내는 작품은 비현실이지만 그들에겐 더 현실에 가깝다.

을 위해 모니터에 비치는 조명 빛마저 제거하기 위해서였지요. 그래서 모든 작업 공간은 간접 등을 이용해 조도를 낮추고 이전 공간과 유사한 환경을 조성했습니다. 덱스터 스튜디오 사옥은 총 두 개 층으로 이루어져 있고 각 층에 기능적인 핵심 공간이 있습니다. 눈여겨봐야 할 곳 역시 이곳들이죠. 낮은 층의 입구에서는 라운지가 핵심입니다. 이 공간은 VIP 게스트를 위한 공간으로 〈현실과 비현실 사이〉를 토대로 그린 〈해 뜨는 밤〉의 이야기가 녹아 있어요.

공간의 톤은 현실과 비현실이라는 키워드를 떠올리게 해준 르네 마그리트의 「빛의 제국」에서 영향을 받아 밝음과 어두움을 가지고 구성하였는데, 우리는 평소 친숙한 공간 중에 그것과 가장 닮은 곳이 있음을 눈치챘습니다. 그곳은 덱스터 스튜디오와도 깊은 연관이 있죠. 어디일까요? 바로 〈영화관〉입니다.

다시 앞 이야기로 돌아와서, 입구에 들어서면 라운지가 눈에 들어오죠. 이곳은 스튜디오로 찾아오는 VIP들을 위한 대기 공간이에요. 그리고 통로를 사이에 두고 스튜디오를 상징하는 특수 효과가 있습니다. 라운지에 앉아 있으면 이 장면은 마치 영화관을 연상시키고, 재미있게도 그 사이를 덱스터 스튜디오 작가들이 지나가게끔 설계되어 있어요. 현실과 비현실 사이를 오가는 것을 암시한 동선입니다.

바로 위층에는 디지털 크래프트, 즉 아날로그와 디지털의 이야기가 공간에 녹아 있죠. 입구에 들어서면 직원들의 휴식 공간이 펼쳐지는데 이곳이 바로 이 층의 핵심으로 아날로그와 디지털을 함께 품고 있습니다. 아날로그를 상징하는 〈책〉으로 공간을 이루고 동시에 디지털을 대변하는 서버 룸이 유리를 통

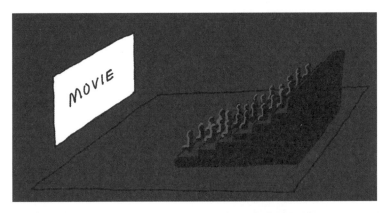

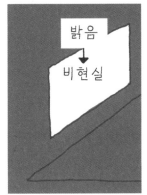

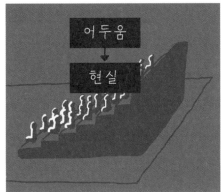

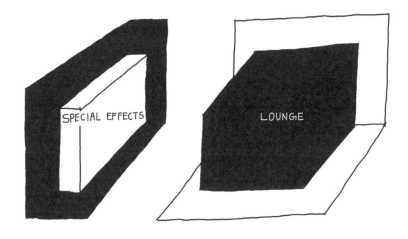

어두운 공간에서 밝은 모니터 빛만을 바라보는 그들에게 밝음은 비현실이고 어두움은 현실이다.
이는 꼭 영화관에 앉아 비현실적인 그들의 영화를 보는 관객이 느끼는 풍경과 닮아 있다.

해 노출되어 있어 특별해 보이죠. 여기에서 직원들은 휴식을 취하거나 가벼운 미팅을 진행하기도 합니다. 나중에 우리는 덱스터 스튜디오의 긴 복도 공간에 파사드 개념의 작업을 추가했습니다. 이곳이 위의 공간 디자인과 맥락이 이어지기를 원했지요. 디지털처럼 보이지만 아날로그 감성이 동시에 드러날 수 있도록 의도한 셈입니다.

처음 말했듯이 공간의 절대 요인은 사용자입니다. 하지만 생각을 더해 보니 사용자 역시 공간의 영향을 받는다는 것을 알 수가 있죠. 공간은 사용자를 닮아 가고 사용자는 공간에 영향을 받는다, 이렇게 정리가 되는군요. 그런데 이미 과거에 똑같은 의미의 말을 누군가가 한 적이 있습니다. 〈우리가 건축을 만들지만, 다시 그 건축이 우리를 만든다.〉 바로 윈스턴 처칠이 폐허가 된 영국 의회 의사당을 다시 지을 것을 약속할 때 했던 연설의 일부분입니다. 사람이 인지하는 대부분의 업무 공간은 건축 내부에 존재할 테니 아마도 공간에 똑같이 적용해도 무리가 없겠죠.

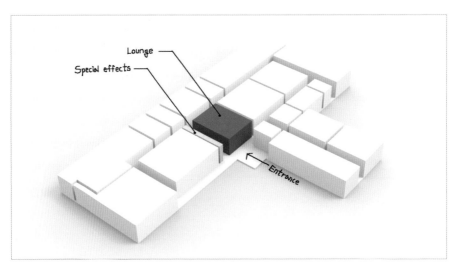

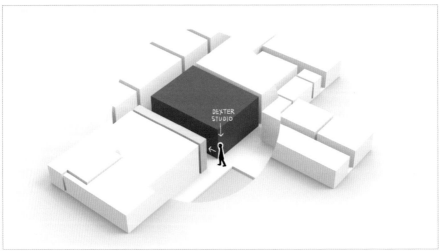

낮은 층의 입구에 들어서면 라운지와 오브제 공간이 존재하고 스튜디오 작가들은 그 사이를 지나
업무 공간으로 향한다. 이것은 덱스터 스튜디오가 현실과 비현실, 그 사이에 있음을 암시하는 동선이다.

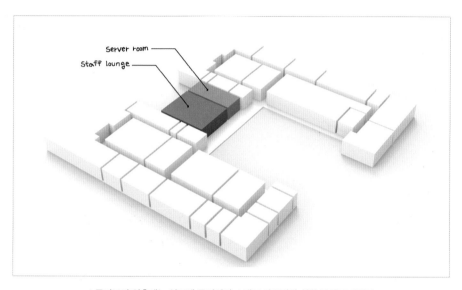

스튜디오의 위층에는 입구에 들어서면 스태프 라운지와 서버 룸이 존재한다.

입구에서 보는 라운지 풍경.

라운지에 앉으면 보이는 장면.

스튜디오 창작물들이 특수 효과를 사용해 무한 반복되어
전시되어 있는 공간. 마치 영화관을 연상시킨다.

덱스터 스튜디오에서 제작한
다양한 캐릭터의 3D 프린팅
오브제들.

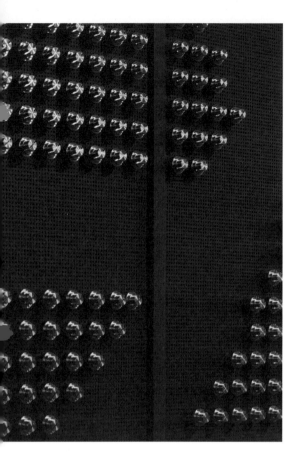

DEXTER, 총 여섯 글자를 위해서 여섯 가지 형태로 디자인한
황동 조각은 약 2,474개로 하나하나 조립하여 완성하였다.

추가로 작업된 파사드 개념의 복도. 디지털 이미지를 가졌으나 아날로그 방식으로 만들어졌다.
그 모습이 덱스터 스튜디오의 작업 방식과 일부 닮은 구석이 있다.

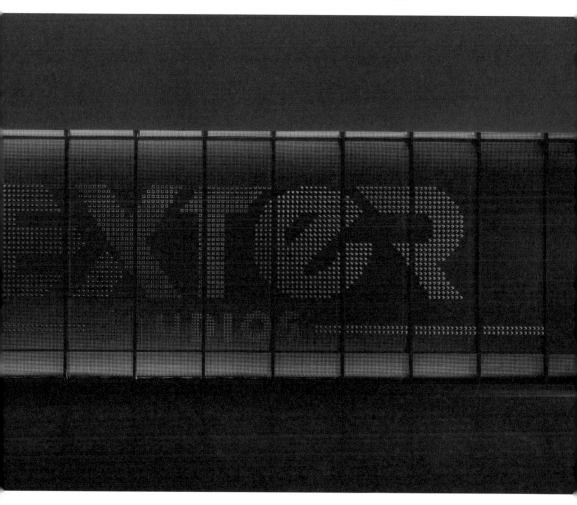

스태프 라운지 공간의 다른 면인 아날로그와 대비되는 서버 룸이 이 공간의 핵심이다.

덱스터 스튜디오의 스태프 라운지.

서울 리빙 디자인 페어
삼성 전시관

우리는 삼성과 함께 지난 2015년 서울 리빙 디자인 페어에 참가한 적이 있습니다. 당시 새로 나온 스피커 제품을 공개하는 공간이었는데 첫 미팅에서 제품을 보자마자 생각했죠. 〈디자인만 봐도 무슨 기능을 설명하려는지 알겠어〉라고 말입니다. 디자인 자체가 경험을 전달해 주는 기분이 들었다고나 할까요. 그렇다면 스피커가 음악을 전달하여 〈듣게〉 해주는 것에 그치지 않고 정말로 음악을 〈경험〉하게 해준다면 어떨까요. 가능합니다. 스피커에 〈공간〉이 더해진다면 말이죠.

그렇다면 음악을 듣는 것과 경험한다는 것의 차이점은 무엇인지 생각해 볼 필요가 있습니다. 먼저 듣는다는 건, 그러니까 음악을 듣는다는 건 소리를 귀로 듣는 행위를 뜻하는 말이겠죠. 〈듣다〉는 대부분의 감각을 청각에 의존한 기울임으로 설명할 수 있습니다. 그와는 다르게 〈경험하다〉라는 것은 어떠한 상황 혹은 사건을 직접적으로 관찰하거나 그것에 동화되면서 얻어지는 결과물이라 설명합니다. 그러면 음악을 경험하기 위해서는 눈앞에서 어떤 사건이 일어난다면 좋겠네요. 이를테면 〈음악적 사건〉 같은 거죠. 음악으로부터 시작된 공간이 무엇을 통해 우리 눈앞에 보이고 주변을 변화시켜 하나의 사건으로 도착해 최종적으로 공간에 있는 우리에게 경험으로 바뀔 수 있을까요.

맨 처음 음악이 일으킨 사건은 소리가 울리면서 일어나는 움직임, 즉 파동wave이었습니다. 그것을 시각적look으로 확인할 수 있도록 물water이라는 소재를 공간에 끌어 들였고 물의 움직임으로 인해 빛light으로부터 반사되는 그림자에서 두 번째 사건이 일어났죠. 반사된 빛이 반응하면 그림자

삼성 와이어리스 오디오 360 스피커의 디자인 그림.

shadow도 같이 요동쳤고, 그 모습을 더 잘 보이게 하려고 공간은 백색white 이 되는 세 번째 사건이 일어났습니다.

순차적으로 일어난 사건으로 공간은 계속 변화하는 풍경을 우리에게 주입시켰고, 이는 인공적 공간이지만 음악으로부터 시작된 요소가 점점 환경을 변화시키는 장면을 목격하다 보면 묘하게 자연과 닮은 느낌을 경험하게 됩니다. 음악이 만들어 낸 사건이자 풍경이고 자연인 셈이죠. 이 공간은 음악이 꺼지는 순간 모두 사라지는 〈경험〉이기 때문입니다.

하지만 이 공간은 지극히 인공적 공간입니다. 인위적이고 작위적이죠. 이유는 간단합니다. 스피커가 첫 번째 사건인 파동을 직접적으로 만들어 내지 못하기 때문입니다. 파동이 일어나지 않는다면 물의 움직임도 없고 그림자의 흔들림도 없으며 공간이 그를 돋보이기 위한 백색 공간일 필요도 없습니다. 그러면 공간은 단지 듣기 위해 준비된 공간이 되겠죠. 우리는 경험하는 공간을 위해서 스피커가 첫 번째 사건을 일으키도록 트릭을 사용했습니다.

공간의 중심에는 물론 스피커가 존재해야 합니다. 제품이 평균의 시각 높이에 제일 먼저 자리를 잡아서 시선을 사로잡으면 그다음에는 물이라는 소재가 스피커의 영향을 받았다고 믿게 만드는 높이까지 따라 올라가야 했죠. 그형태는 작은 연못의 모양새와 같았습니다. 그리고 우리는 그 떠오른 연못 아래에 우퍼를 설치해서 공간을 속이려 했죠.

이렇게 보이지 않는 공간을 통해 모든 스피커는 우퍼와 연결되어 있습니다. 연결된 스피커는 여섯 대의 스피커 소리에 각각 반응하여 파동을 일으키게됩니다. 하지만 기존 음악은 어딘가 이질적이었기에 우리는 이 공간만을 위한

음악을 듣다.

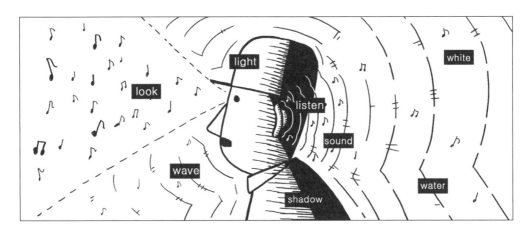

음악을 경험하다.

음악도 직접 만들었습니다. 꽤나 정성스러운 트릭인 거죠. 이런 방법을 통해서 소리는 파동을 일으키고 공간을 찾은 사람들은 음악으로 시작된 사건을 경험하게 되었습니다.

좋은 제품은 더 좋은 공간을 그리고 더 좋은 경험으로 안내하는 길잡이가 되어 줍니다. 그렇다면 우리가 어떤 제품을 보고 좋은 경험을 상상한다면 그것은 좋은 제품이겠죠. 그 관점에서 생각을 정리해 보면, 〈뛰어난 디자인은 즐거운 경험을 상상하게 만드는 힘을 지니고 있고 경험을 통해 비로소 디자인은 완성된다〉가 됩니다.

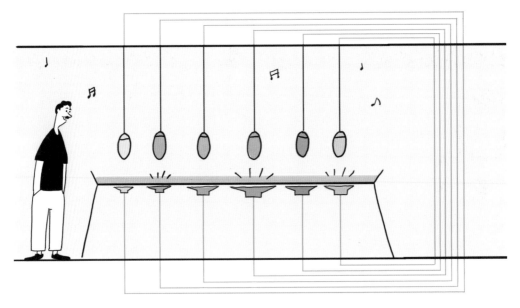

여섯 개의 스피커는 각각의 우퍼와 연결되어 있다.

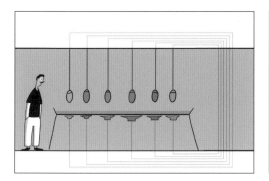
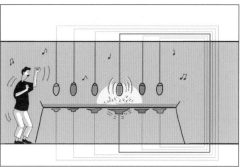
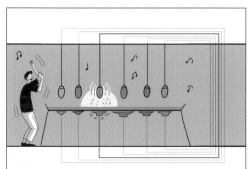
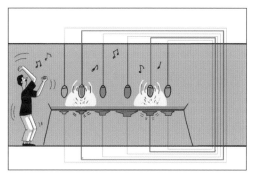

스피커와 연결된 우퍼의 작동 원리.

외부에서 바라본 공간.

우퍼로 인해 물이 일렁이고 빛에 반사된 그림자도 같이 반응한다.

계획된 음악에 따라 해당
스피커 아래에는 강한 진동을
주고 물의 파장이 시각적으로
전달된다. 이는 음악이
경험으로 전달되는 요소 중
가장 기억에 남는 잔상이다.

SEOUL LIVING
DESIGN FAIR
COME TO
MY PLACE

서울 리빙 디자인 페어
우리 집에 놀러 와

2015년에 이어 2017년에도 서울 리빙 디자인 페어에 참가했습니다. 이번에는 주최 측의 기획에 참여하게 되었죠. 기존에 하던 방식인 브랜드와 손잡고 함께하는 참여가 아닌 주최 측과의 협업은 색달랐습니다. 총 세 팀을 섭외해서 같은 크기의 공간에 같은 주제를 부여하고 각자의 생각으로 공간을 설계해서 뽐내 달라는 흥미로운 기획이었습니다. 조건은 이랬어요. 6×6미터의 공간에 〈우리 집에 놀러 와〉라는 주제로 공간을 풀어 줄 것. 그 얘기를 듣고 제일 먼저 든 생각은 바로 〈6×6〉이라는 크기였습니다. 그리고는 생각했죠. 〈아, 이 공간은 원룸이구나.〉

그렇습니다. 우리는 이번에 원룸에 대해서 해석해 볼 생각입니다. 주거 문화는 빠르게 변하고 있죠. 그중 가장 빠른 변화가 바로 1인 문화가 반영된 1인용 혹은 2인용 주거 공간입니다. 공간을 다루는 디자이너들은 그 변화에 가장 빠르게 반응하는 부류이고요. 아마 모든 공간 디자이너들이 1인 주거 문화에 대해 많든 적든 생각해 본 경험이 있을 거예요.

이번 프로젝트에서 우리는 생각했습니다. 이 공간에는 보통의 공간들보다는 뚜렷한 성향의 특별한 그 어떤 무엇을 향해 만들기로 말이죠. 그러기 위해서 우린 한 가지를 제거하고 한 가지를 더했답니다.

제거한 건 〈벽〉입니다. 공간에서 벽이 주는 의미는 대단하죠. 단순한 막 그 이상입니다. 분류 혹은 분할 그리고 여기까지만 당신이 디자인해도 괜찮다는 한계의 의미도 지닐 수 있습니다. 6×6의 공간에서 벽은 사방에만 있는 것으로 제한했어요. 공간에는 분명히 분류가 필요했지만 이곳에서는 벽을 통해 구분하지 않았죠. 그것이 화장실일지라도.

6×6이라는 공간에 대한 상상.

우리는 벽을 뺐고 더한 건 〈아일랜드형 시스템〉입니다. 아일랜드 가구가 더해져 추가로 〈초대〉라는 성격이 생겼습니다. 6×6의 공간 자체가 커다란 하나의 파티 장소로 탈바꿈할 수 있는 잠재력은 이 아일랜드 구조에서 나오죠. 이런 변화를 의도한 이유는 일단 주제가 〈우리 집에 놀러 와〉이기도 했고, 1인 주거 문화에서 가장 아쉬운 부분이 바로 누군가를 내 공간에 초대하여 대접하는 문화가 다른 주거 문화에 비해 열악할 수밖에 없는 한계 때문입니다.

특색 있는 공간이자 생활 공간이기를 바라며 설계를 완성했습니다. 그림을 통해 유쾌한 성격의 주인공이 아침에 일어나 식사를 하거나 반려동물을 챙기고 샤워를 하고 퇴근 후에 친구들과 파티를 하는 모습까지 담아 봤습니다. 분명한 건 재미있는 공간이라는 점이죠.

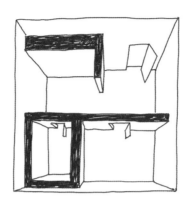

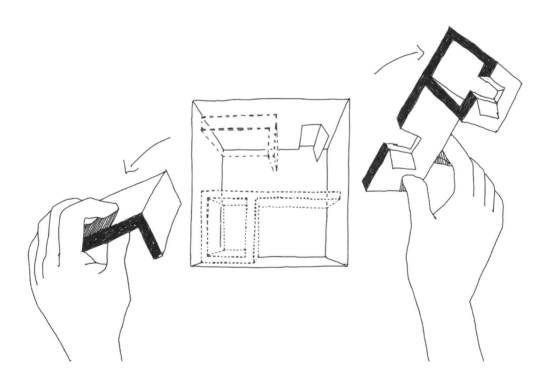

공간에 벽을 빼다.

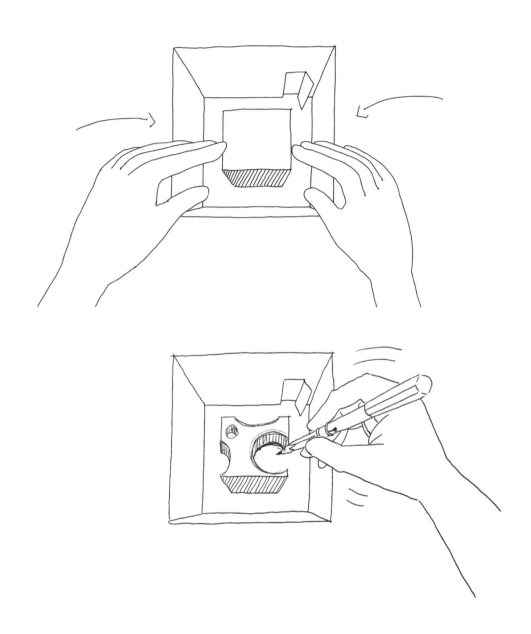

아일랜드 가구를 더하다.

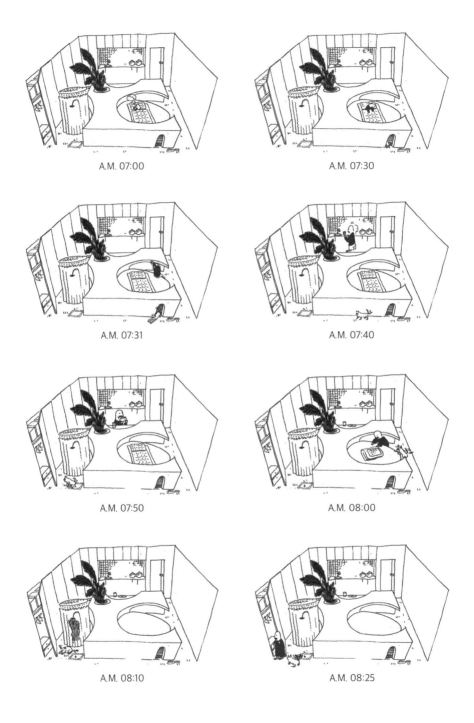

A.M. 07:00

A.M. 07:30

A.M. 07:31

A.M. 07:40

A.M. 07:50

A.M. 08:00

A.M. 08:10

A.M. 08:25

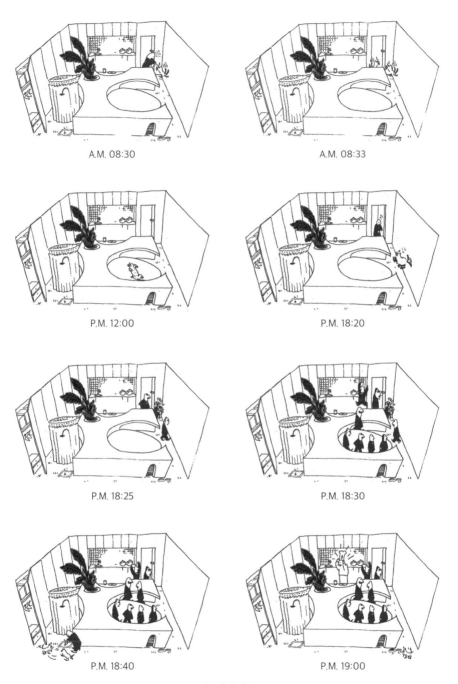

A.M. 08:30

A.M. 08:33

P.M. 12:00

P.M. 18:20

P.M. 18:25

P.M. 18:30

P.M. 18:40

P.M. 19:00

아무개의 하루.

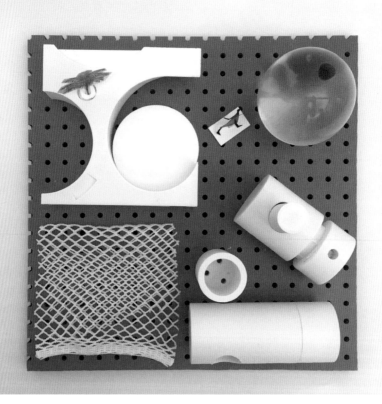

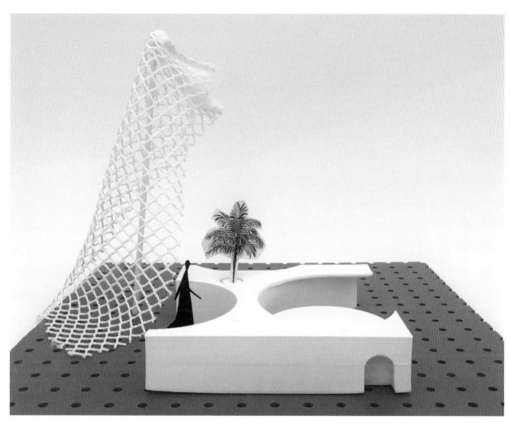

기획 설계에 대한 목업 작업.

6×6 하우스에서 가운데 공간은 침실이자 라운지의 성격을 가졌다.

6×6 하우스의 세면 공간.

UTILITY POLE OFFICE

유털리티 폴 오피스

태안에 위치한 U 오피스에서 하는 사업은 익숙하지만 깊게 생각해 보면 매우 낯선 분야입니다. 바로 전봇대를 설치하는 일이죠.

우리는 늘 전봇대를 가까이 두고 생활하지만 이것들이 언제 어떻게 세워지는지는 보기 힘든 경험입니다. 우리는 이번 프로젝트를 하면서 기존 U 오피스에 쌓여 있던 전신주 부품들을 보았습니다. 늘 우리가 올려다보는 거리에서만 볼 수 있었던 부품들이 바로 눈앞에 나열되니 무척이나 낯설게 느껴진다는 것이 신기했습니다. 하지만 창밖만 쳐다 봐도 언제나 우리 눈앞에 있다는 것을 기억해 낸 순간 동시에 친근하게 느껴졌지요.

그래서 우리는 이 프로젝트에서 단 두 가지만을 염두에 두고 공간을 구성했습니다. 하나는 어떻게 하면 최소한의 표현으로 전봇대를 느끼게 해줄 것인가, 그리고 다른 하나는 전봇대를 전봇대 같지 않게 보여 줄 것인가입니다.

익숙하다.   낯설다.

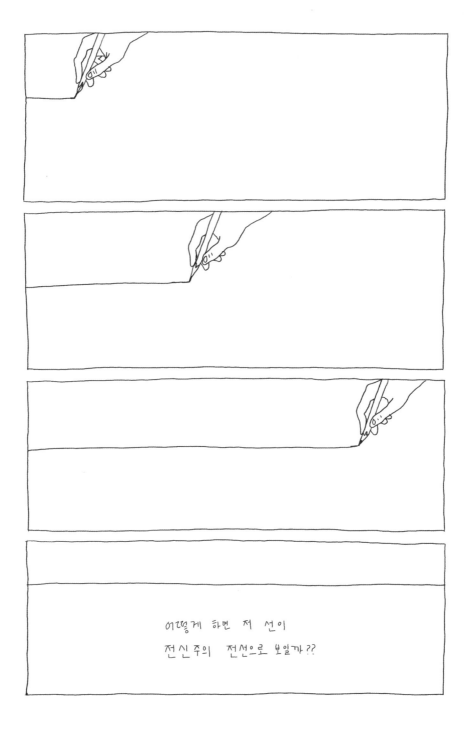

어떻게 하면 저 선이
전신주의 전선으로 보일까??

어떻게 하면 최소한의 표현으로 전봇대를 느끼게 할 수 있을까?

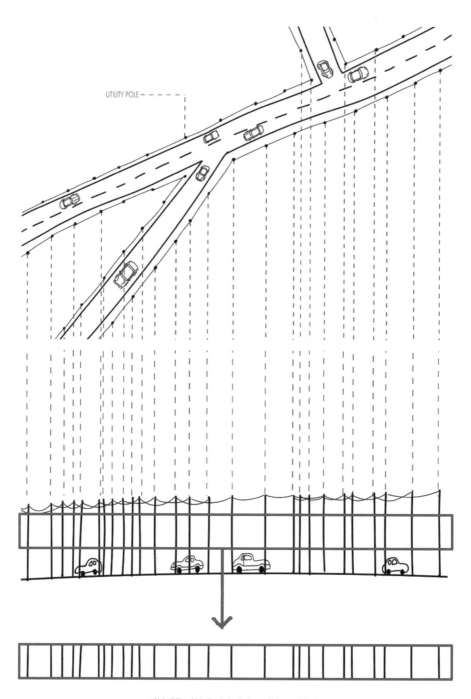

전봇대를 전봇대 같지 않게 표현할 수 있을까?

+

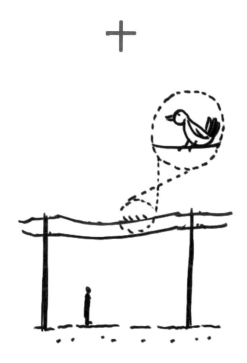

두 가지 발상이 더해져 공간을 완성하다.

U 오피스의 내부.

조안 테디 베어

인천 파라다이스 시티에는 〈플라자〉라는 이벤트형 쇼핑 아케이드 공간이 있습니다. 그리고 그곳에서는 국내에서는 보기 드문 테디 베어 아티스트 조안오의 공간인 〈조안 테디 베어〉가 있지요.

WGNB와는 매우 오랜 인연을 이어 왔는데 그 기간이 무려 10년을 훌쩍 넘어섰습니다. 맨 처음 조안 테디 베어는 제주도 서귀포시에 뮤지엄을 짓기 위해 WGNB와 함께했고 그 후로도 대부분의 공간 작업을 함께해 왔어요. 그만큼 긴 시간 동안 서로 팀워크를 다져 왔고 이번에도 역시 함께하게 되었죠.

첫 번째 프로젝트에서 조안 테디 베어와 WGNB는 〈제주도의 바람〉이라는 주제로 뮤지엄을 건축했고, 두 번째 협업에서는 〈조안 베어의 집〉이라는 콘셉트로 첫 번째 건축의 연장성이 되는 공간을 설계했습니다. 그러나 이번 프로젝트는 지금까지의 내용은 모두 잊어버리고 다시 처음 자세로 임했습니다.

기존 뮤지엄은 조안 테디 베어의 집과 같은 곳으로 찾아오는 많은 관람객이 이미 사전 지식을 가지고 온다거나 모르고 왔다 한들 천천히 살펴보며 조안 테디 베어에 대한 세부 내용을 꼼꼼히 살펴볼 수 있는 시간과 공간을 충분히 제공할 수 있었습니다. 한마디로 찾아오는 공간이었죠.

하지만 이번 프로젝트는 대부분이 파라다이스 시티가 제공하는 서비스와 공간을 누리기 위해서 온 사람들이고 그 안에서 발견하는 상점 성격이 강했으므로, 처음 본 사람들에게도 조안 테디 베어만의 특별함을 짧은 찰나에 어필해야 할 영리한 공간이어야 한다는 게 기존의 작업을 모두 백지화시킨 이유라면 이유였습니다.

그러기 위해서 우리는 매번 그랬지만 조안 테디 베어를 다시 공부할 필요

1984 클래식.

조안 베어 크래프트.

조안 베어 팩토리.

조안 베어 패밀리.

를 느꼈습니다. 아니 복습이라고 해야 할까요. 보통 사람들은 매장에 가득 차 있는 곰 인형을 보고는 쉽게 그 차이점을 느끼지 못할 수도 있지만 재미있게도 인형들은 모두 다른 이름을 가지고 있고 성격도 저마다 다릅니다. 그리고 분명 하게 분류가 되어 있습니다. 크게 네 가지 타입으로 나뉩니다.

1. 1984 클래식.
2. 조안 베어 크래프트.
3. 조안 베어 팩토리.
4. 조안 베어 패밀리.

이렇게 분류된 네 가지 카테고리는 저마다 그 제작 방식과 이야기가 존재 하고, 이 과정에서 공간으로 연결시키는 힌트를 찾을 수 있기를 바랐습니다. 꼭 찾게 될 거라 생각했지요.

첫 번째는 1984 클래식입니다. 조안 테디 베어의 장인 정신을 가장 뚜렷 하게 느낄 수 있는 작품으로 그 과정 하나하나가 무척 고집스럽고 깐깐하며 브 랜드의 시작이자 아티스트 조안오의 정수를 느낄수 있는 카테고리이죠.
두 번째 카테고리는 조안 베어 크래프트입니다. 테디 베어는 패브릭에 대 한 소재가 가장 중요하여 따로 라인을 만들어 늘 끊임없이 연구합니다. 한국적 인 조각보와 북유럽의 크바드랏 패브릭, 일본의 전통 오비 등 그 소재에 한계 를 두지 않고 실험하는 조안오의 연구 결과를 볼수 있는 파트입니다. 특히 소 비자가 직접 의미 있는 패브릭(부모님의 오래된 재킷 혹은 버리기 아까운 소

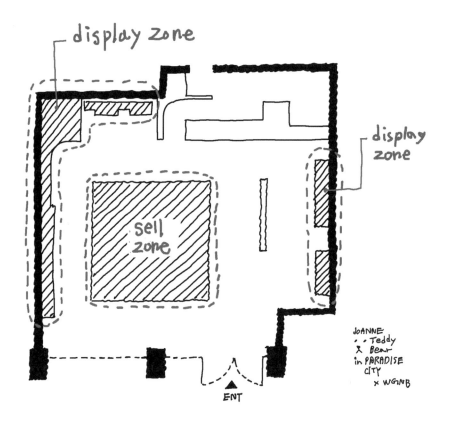

display zone

display zone

sell zone

ENT

JOANNE
Teddy
Bear
in PARADISE
CITY
x WGNB

전시 구역과 판매 구역이 5대 5의 비율로 구성되었다.

재의 의상 및 천 제품)을 가지고 테디 베어로 만들어 따뜻한 감정을 소중하게 간직할 수 있게 해주는 〈메모리〉 프로젝트가 인상적입니다.

세 번째 조안 베어 팩토리는 조안오만의 스토리로 탄생한 베이비 베어, 허브 베어, 폴라 베어 등등 가장 큰 사랑을 받는 라인입니다. 언제나 인기 많은 주 상품이며 자연적인 색감이 특징이죠. 게다가 조안오 관장은 인형의 색감에 맞는 배경까지 미리 염두에 둡니다. 인형을 촬영할 때나 매장에서 디스플레이할 때도 마치 세트처럼 각각의 인형과 배경 색상들을 지정해 놓지요.

네 번째는 조안 베어 패밀리. 조안오의 감성을 가장 잘 느끼게 해주는 라인이죠. 조안 시니어, 조안 주니어, 장남 모노 등 그 패밀리와 친구들로 구성된 조안오만의 따뜻한 감성을 느낄 수 있습니다.

그리고 이번 공간에는 또 하나 받아들여야 할 조건이 있는데 이는 바로 파라다이스 시티 측의 입장입니다. 조안 테디 베어가 입점해야 하는 파라다이스 시티의 플라자는 단순히 쇼핑 공간으로만 구성되는 것을 원치 않았는데, 그러기 위해서 매장 내에 동선에 따라 판매 공간과 더불어 전시 공간이 5대 5의 비율로 조율되기를 바랐습니다. 평면을 보면 그 의도가 잘 드러나 있죠. 대부분의 벽면이 전시 기능을 하고 중앙에 판매를 위한 집기들이 자리하고 있습니다.

이렇게 정리된 조안 테디 베어의 카테고리 안에서 우리는 공간의 첫 번째 실마리를 〈1984 클래식〉에서 가져왔습니다. 아무래도 브랜드 이미지에서 가장 큰 부분을 차지한다는 것이 이유로 작용했고 테디 베어의 수공예 감성을 최고로 느낄 수 있는 범주라서 그 선택에 흔들림이 없었죠.

1. 실.

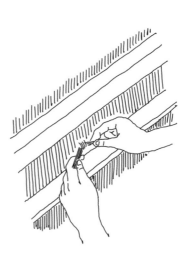

2-1. 실 끼우기.

2-2. 태피스트리.

3. 염색.

문제는 그 감성을 어떻게 공간으로 끌어 들여 말하지 않아도 느끼게끔 하는가가 관건이었습니다. 그렇다면 1984 클래식에 대해 조금 더 꼼꼼히 살펴볼 필요가 있었죠. 그리고 그 과정은 곧 테디 베어라는 곰 인형이 수공예 작품으로 어떤 의미가 있는지 살펴보는 과정이기도 했습니다.

테디 베어라 하면 복슬복슬한 털을 가진 따뜻한 감성의 곰 인형을 많이 생각합니다. 그 표현의 대상이 곰이어야 한다는 것은 변하지 않지만 직조 방식이나 염색법 혹은 특유의 비율은 전 세계 수많은 테디 베어 작가에 따라 얼마나 달리 표현되는지 잘 모르고 있죠. 우리는 아티스트 조안오를 수년간 곁에서지켜보았고 그녀가 얼마나 자신의 테디 베어에 자부심을 가지고 있는지도 익히 알고 있었습니다. 그리고 그녀의 작품은 세계에서도 알아줄 만큼 훌륭하죠. 짧게 추려만 봐도 약 열한 가지의 과정을 거치는데 그 과정 하나하나가 깐깐한정성을 거쳐서 완성됩니다.

아래처럼 모두 열한 가지의 순서가 있어요.

1. 실: 영국 목장에서 특수하게 스피닝spinning한 실을 직접 공수받는다.
2. 태피스트리: 실을 1,600개의 바늘에 일일이 연결하여 직조하면 한 폭의 원단이 완성된다.
3. 염색: 조안오만의 방식인 천연 소재(쪽, 황연, 소목 등)로 염색한다.
4. 건조: 제주도 서귀포시에서 자연 건조를 고집한다.
5. 디자인: 조안오만의 특징이 있는 모노 베어를 디자인한다.
6. 패턴 제작: 완성된 시안을 오려서 패턴을 제작한다.

4. 자연 건조.

7. 스케치: 패턴을 원단에 대고 따라 그린다.

8. 봉제: 원단을 재단하고 꼼꼼하게 엮는다.

9. 스터핑: 원단에 솜을 채워 넣는 과정이다.

10. 코스: 테디 베어의 눈을 고정하고 실로 코를 표현한다.

11. 장식: 모노 베어만의 장식으로 완성한다.

열한 번의 과정을 거쳐서 수공예 테디 베어가 탄생하는 것을 알 수 있습니다. 그런데 그녀가 자연 건조를 고집하기 위해 당시만 해도 서귀포시의 황무지나 다름 없던 터를 잡아서 지금껏 꾸려 온 노력과 같은 그 하나하나의 과정에 들어간 남모를 수고를 보통 사람들은 알 수 없겠지요.

처음에는 제주도에서 온 수공예 테디 베어를 강조하는 것이 좋지 않을까 하는 의견도 있었습니다. 하지만 제주도라는 이미지는 많은 부분 이미 소비가 된 상태라 사람들은 더 이상 예전과 같이 신비롭게 생각하지 않는다는 점을 고려하여 설계로까지는 반영되지 않았습니다.

대신에 우리는 태피스트리라는 키워드를 가져오기로 했죠. 원재료인 실을 제외하고 테디 베어의 첫 단계이기도 하고 오랜 시간 많은 정성이 들어가는 점도 우리 눈에 들어왔습니다. 손쉽게 원단을 제공받을 수 있음에도 1984 클래식만큼은 아직도 수고스러운 태피스트리 과정을 지켜 온 조안 테디 베어만의 역사는 매우 희소성이 있는 가치라고 생각했기 때문이죠.

태피스트리 단어 자체에서도 수공예, 오리지널, 정성과 같은 부과적 이미

5. 디자인.

6. 패턴 제작.

7-1. 스케치.

7-2. 재단.

8. 봉제.

9. 스터핑(솜 채우기).

10. 코 수놓기.

11. 장식과 완성.

지가 어렵지 않게 느껴졌습니다. 지금은 대중적으로 쓰이기 힘든 방식이므로 그런 잔상이 우리의 머릿속에 자리 잡았거든요. 그래서 이번 프로젝트 공간에 태피스트리 이미지를 노출시키기로 했습니다. 중요한 건 공간에 녹여서 표현 가능한 비례나 컬러로 혹은 유사한 이미지로 만들어 내는 것이 아니라 정말 직관적인 태피스트리를 표현하고자 한 것입니다.

　　기존 마감재에는 물론 없었으므로 우리는 가능한 방법을 찾아 현실적 방안을 내놓는 것이 필요했죠. 그렇다고 정말 태피스트리 기기를 사용할 수는 없었으니까요. 인테리어 마감재 시장에서는 구할 수 없는 자재를 원하는 이미지로 설계해 만들어 내는 것을 반기는 업체는 그리 많지 않습니다. 그것도 상대적으로 무척 적은 물량이니, 모두들 도와준다는 마음으로 하나하나 만들어 냈어요. 이는 마치 우리조차도 공간을 테디 베어를 만들 듯 공예하는 듯한 느낌이었습니다. 이는 꼭 태피스트리뿐 아니라 다른 마감재 역시 유달리 세심한 손길이 필요했기 때문이죠.

　　일단 공간 전체를 아우르는 건 태피스트리가 맞습니다. 하나하나 만들어 낸 마감재가 공간을 감싸고 있었고 그 아래에는 각각의 카테고리에 어울리는 소재와 집기가 주를 이루고 있습니다. 그중 눈여겨볼 것은 컬러를 착색한 아크릴판입니다.

　　공간 벽이 전시를 담당했고, 중앙에 판매를 책임지는 조안 테디 베어 팩토리와 패밀리 군이 밀집해 있는데 앞에서 언급했듯 각각의 인형은 지정된 컬러로 염색된 독창적 색감을 가졌고, 조안오 관장은 그 컬러에 어울리는 배경을 일일이 지정해서 기록하고 되도록이면 공간에 적용시키기를 원했습니다.

조안 테디 베어의 첫 시작인 태피스트리는 공간 전체를 아우른다.

그리고 우리는 그 컬러에 재질 변화를 주어서 공간에 배치하길 원했죠. 그렇게 선택한 소재가 〈아크릴〉이었습니다. 그런데 시장에서 볼 수 있는 기존 아크릴 컬러는 기대를 충족시키지 못했죠. 원하는 컬러를 만들기 위해 아크릴 작가 윤라희와 협업을 진행했고 작가의 깐깐한 검수를 거쳐서 만족할 만한 최종 마감재를 구현해 낼 수 있었습니다.

직접 제작한 태피스트리 마감재와 일일이 착색한 아크릴은 다른 프로젝트와는 사뭇 다르게 수공예 느낌이 진하게 들었고, 말하지 않으면 알 수 없지만 이 과정이 분명 공간에 녹아들어 소비자에게 전달될 것이라 믿었습니다.

이러한 과정을 거쳐서 파라다이스 시티 플라자에 위치한 조안 테디 베어가 드디어 완성되었습니다. 집이라는 공간은 그곳에 터와 사는 사람의 이야기로 시작하지만 상업 공간은 그 주체성이 되는 상품이 어떤 것이냐 혹은 어떤 브랜드냐에 따라 설계의 방향이 결정됩니다. 그렇지만 브랜드는 결국 사람이 만들죠. 집과는 다르게 브랜드와 사업 주체자 그리고 공간 이 세 가지 요소는 서로 순환하며 갈등을 발생시킵니다. 그리고 그 가운데에서 갈등을 해소시키거나 혹은 완화시키는 일을 우리 공간 디자이너가 하고 있는 셈이죠.

태피스트리와 조안 테디 베어의 색 이야기를 가진 공간.

태피스트리의 이미지를
최대한으로 실현하면서도
현실적으로 가능한 표현과의
균형이 중요했다.

태피스트리가 주는 엮임을 실내의 마감 소재로 구현한 구조물.

조안 테디 베어가 전시되는
공간과 잘 어울리는 색감은
윤라희 작가와 협업을 통해
구현했다. 아크릴에 원하는
컬러를 착색하는 과정은 제법
깐깐하다. 윤라희 작가는
결과를 위해 많은 시도를
반복했다.

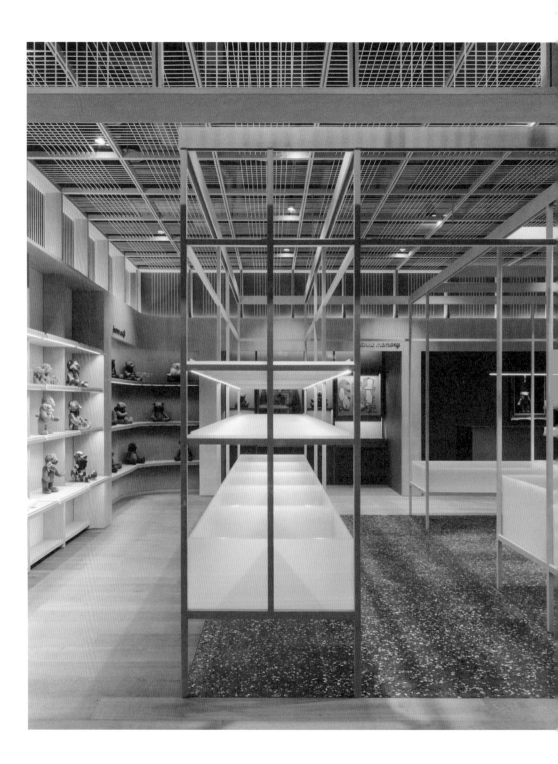

맺음말 사라질 뻔한 이야기를 담다

실내 건축을 주업으로 하는 WGNB라는 스튜디오가 프로젝트를 다룰 때 어떠한 이야기를 나누었고 그것이 공간으로 어떻게 전환되었는지 그리고 전환된 공간이 말하는 이야기는 어떤 것인지를 이야기하고 싶다는 바람이 책의 시작이었다. 그래서 책에는 〈이야기〉라는 단어가 자주 등장한다. 제목에서부터 이야기가 들어간다. 두 가지 의미가 있는데, 하나는 공간이 말하는 이야기이다. 어떤 콘셉트를 가지고 구조물이 세워지는지 어떠한 스타일을 추구했는지 엔지니어적 디테일은 어떤지 등은 보통 공간이 가진 이야기에서 비롯한다. 이건 눈에 보이는 현상이고 공간을 찾는 소비자 혹은 사용하는 사용자를 위한 것이자 소비 가능한 즐거움이다.

다른 하나는 공간을 위한 이야기라고 할 수 있다. 이건 그 공간이 구축되기까지의 이야기이다. 어떤 것을 위한 공간인지 무엇을 바라고 만들어지는지 그 과정에 누가 있었고 그가 무슨 말을 했는지 같은 내부적 이야기를 뜻한다. 나는 제목에 두 가지 의미가 모두 포함되어 있는 게 좋았고, 〈이야기〉라는 단어가 어떤 어려운 전문 서적과는 조금 거리가 있어서 더 마음에 든다. 내용 또한 어렵지 않게 이야기하듯 쓰려고 많은 애를 썼다. 그래서 이 책이 〈읽기 쉬운 공간 이야기〉로 기억되어도 괜찮겠다고 생각하며 글을 쓰고 그림을 그렸다. 다만 정말 모든 이야기를 책에 담을 수 없어서 안타깝다. 이야기는 말 그대로 이야기인지라 기록이 없었다. 수많은 과정에서 사라진 이야기들, 쓰였다가 그 맥을 잇지 못하고 사라진 이야기들 말이다.

WGNB 일러스트레이터 윤형택

사진

ⓒ **최용준** 엔드피스 30~37, 준지 플래그십 스토어 62~83, 언타이틀닷 100~105, 푸르지오 써밋 갤러리 124~149, XYZ 포뮬러 174~181, 덱스터 스튜디오 196~205, 서울 리빙 디자인 페어: 우리 집에 놀러와 234~241, 유틸리티 폴 오피스 250~253, 파라다이스 시티: 조안 테디 베어 270~277

ⓒ **정태호** 서울 리빙 디자인 페어: 삼성 전시관 216~221

ⓒ **D.BLENT** XYZ 포뮬러 154

공간은 이야기로부터 시작한다

기획 WGNB **글·그림** 윤형택 **발행인** 홍예빈 **발행처** 미메시스

주소 경기도 파주시 문발로 253 파주출판도시 **대표전화** 031-955-4000 **팩스** 031-955-4004

홈페이지 www.openbooks.co.kr **email** mimesis@openbooks.co.kr

Copyright (C) 백종환·윤형택, 2019, *Printed in Korea*.

ISBN 979-11-5535-188-8 03540 **발행일** 2019년 11월 25일 초판 1쇄 2025년 1월 30일 초판 11쇄

이 도서의 국립중앙도서관 출판예정도서목록(CIP)은 서지정보유통지원시스템 홈페이지(http://seoji.nl.go.kr)와 국가자료공동목록시스템(http://www.nl.go.kr/kolisnet)에서 이용하실 수 있습니다.(CIP제어번호: CIP2019045599)

미메시스는 열린책들의 예술서 전문 브랜드입니다.

이 책은 실로 꿰매어 제본하는 정통적인 사철 방식으로 만들어졌습니다.
사철 방식으로 제본된 책은 오랫동안 보관해도 손상되지 않습니다.